本书出版得到国家古籍整理出版专项经费资助

中华意象
ZHONGHUA YIXIANG

花木趣谈

杜华平 著

中华书局　　上海古籍出版社

图书在版编目(CIP)数据

花木趣谈/杜华平著.—北京:中华书局,上海古籍
出版社,2010.4(2011.12重印)
（文史中国）
ISBN 978 - 7 - 101 - 06967 - 9

Ⅰ.花…　Ⅱ.杜…　Ⅲ.花卉－青少年读物
Ⅳ.S68 - 49

中国版本图书馆 CIP 数据核字(2009)第 157058 号

书　　名	花木趣谈
著　　者	杜华平
丛 书 名	文史中国
责任编辑	娄建勇
出版发行	中华书局
	（北京市丰台区太平桥西里 38 号　100073）
	http://www.zhbc.com.cn
	E - mail:zhbc@ zhbc.com.cn
	上海古籍出版社
	（上海市瑞金二路 272 号　200020）
	http://www.guji.com.cn
	E - mail:gujil@ guji.com.cn
印　　刷	北京精彩雅恒印刷有限公司
版　　次	2010 年 4 月北京第 1 版
	2011 年 12 月北京第 4 次印刷
规　　格	850 ×1168 毫米　1/32
	印张 5　字数 60 千字
印　　数	14001—17000 册
国际书号	ISBN 978 - 7 - 101 - 06967 - 9
定　　价	20.00 元

《文史中国》丛书
出版缘起

《文史中国》丛书的策划编撰，始于2004年。

这一年，中共中央、国务院明确了一项重大的文化战略："对未成年人进行以爱国主义为核心的伟大民族精神的教育"，要求通过中华民族优良传统和悠久历史的教育学习，引导广大青少年"从小树立民族自尊心、自信心和自豪感"。

有鉴于此，中华书局和上海古籍出版社——中国南北两家以弘扬中华传统文化为己任的著名出版社——决定联手合作，出版一套为青少年量身度制的高质量的传统文化系列图书，其初命名为《长城丛书》，计16个系列、约160种图书。计划得到了有关部门的高度重视，很快列入了"'十一·五'国家重点图书出版规划"与"国家古籍整理出版'十一·五'重点规划"。

2005年，中宣部策划组织的弘扬伟大民族精神的重点出版工程——"民族精神史诗"全面展开。《长城丛书》之"文史知识"部分，又被吸纳为这项重大文化工程之一，并以《文史中国》为名，正式启动。经过近五年时间、数十位学者的倾情投入，其第一批成果，终于以清新靓丽的面貌，呈现在广大读者的面前。

有别于以往的传统文化读物，《文史中国》的宗旨可概括为一句话：题材是传统的，眼界是当代的。因此除了科学性与可读性相统一的常规标准外，丛书从选目到撰写，更要求以一种世界性的文化视域来透析中华文化的深刻意蕴。而"中华"与"上古"深厚的学术底气与近十年来的创新精神，正是践行这一宗旨的可靠保证。

《文史中国》丛书首批共38本，分为四个系列："辉煌时代"、"世界的中国"、"文化简史"、"中华意象"。四个系列互相联系，同时又自成体系，为读者多视角多侧面地展示中华文明。

"辉煌时代"系列共10本，选择中国五千年历史上十个辉煌的时代，作横断面的介绍与分析，以显示开放心态和创新精神是中华民族发展振兴的主体精神。

"世界的中国"系列共10本，集中表现中华文化与世界各民族文化的交流与融合，以展现中华文明是人类文明的共同组成部分，强调中国与世界的开放共荣、和谐共处是中华文化的固有精神。

"文化简史"系列共10本，从中国人文化生活的各部类入手，历时性地介绍中国人知行合一的生活情趣，高尚优雅的审美理念，以及传承有序、丰富多姿的文化积累，从而为当代人的生活文化与中国文化走向世界提供启示。

"中华意象"系列共8本，选取最能够体现中华民族主体思想的、具有象征意味的意象，进行深入的解析。"龙凤""金玉"等意象早已经成为中华民族的文化符号，它们以其特有的形象和意涵，展示着中国人特有的精神世界，并丰富着全人类的文化符号。

全中国的中小学生、全世界的华人学子，是《文史中国》丛书的当然读者。我们期待着读者们在清新优美的文字和图文并茂的情境中，感受到中华民族"爱国、团结、和谐、奋斗"的伟大的民族精神，成为一个出色的中国人。

今后，无论您走到世界的哪一个地方，无论您从事哪一项职业，无论您身处顺境还是逆境，您都可以骄傲地大声说：

"是的，我是中国人！"

中华书局　上海古籍出版社

2009年7月

Mulu

目录

引言：为爱名花抵死狂

【第一章】花木与日常生活

餐芳馔葩 ·· 7

灵草去沉疴 ·· 15

隔牖风惊竹 ·· 20

【第二章】花木的文化内涵

花草喻品性，在草木中取友 ·················· 31

通情的草木，多情的文人 ····················· 38

出尘的花草，圆满人生不可或缺 ············ 45

茂密的花草，历史巨变的陪衬 ············· 52

【第三章】花木与文学艺术

花木入丹青 ·· 59

诗词咏草木 ·· 68

插花艺术 ··· 80

陶瓷艺术与自然花卉 ······························· 91

1

【第四章】花木与民间习俗

司花之神 ·· 101

木魅花精 ·· 109

花历 ··· 119

"饯花节"与花朝节 ·································· 129

中国花语 ·· 137

深入阅读

引言：为爱名花抵死狂

当代作家汪曾祺到美国访问时，特别注意到"美国松树也像美国人一样，非常健康，很高，很直，很绿。美国没有苏州'清、奇、古、怪'那样的松树，没有黄山松，没有泰山的五大夫松"。对此，汪曾祺作了精彩的解释：

> 中国松树多姿态，这种姿态往往是灾难造成的，风、雪、雷、火。松之奇者，大都伤痕累累。中国松是中国的历史、中国的文化和中国人的性格所形成的。中国松是按照中国画的样子长起来的。（《花草树》）

汪曾祺意识到的就是花木与文化、与民族性格的关联。

李渔在《闲情偶寄》中说："一切花竹，皆贵少年，独松、柏与梅三物，则贵老而贱幼。""岁寒三友"中的"二友"——松、梅，外加柏树，这"三物"在中国花木文化中是举足轻重的，与它们相比，李渔认为别的花木不过是"时花弱卉"而已。他说：一座园林，要是仅有柳、竹及其他草花，而没有十数棵"老成树木"（即松、柏、梅）在其间主宰，则简直如同坐在一群儿童女子之间，虽能得到快乐，在情感上获得满足，却因近旁缺少可以求教的老师，而难以在学问、道德上长进。把李渔的观点再加扩展，可以归纳出以下认识：

首先，人类与植物的关系最早应该源于实用目的。在这个星球上，人类一直以来就与花草树木为伴。不说人类通过植物的光合作用而享受的天然大氧吧，就从吃、穿、住、行、玩等基本生活需求来看，几乎没有哪方面不仰赖于植物资源。先民很早就知道许多植物的果实可以充饥，叶片可以障体，枝干可作工具，有些植物甚至还有疗病等功效。早期人类社会生产的一个重要方面，就是为了满足上述种种需要而采集堪用的植物。

人类为了从植物中取资，而与植物发生不断深入的接触，这是文化发展的一个方面。一些早期文学作品的关键信息往往就在此，如《诗经》中一篇非常适合改编成现代舞蹈的名作《周南·芣苢》，今天看来仍然不失为优秀的诗歌作品：

采采芣苢，薄言采之。采采芣苢，薄言有之。/采采芣苢，薄言掇之。采采芣苢，薄言捋之。/采采芣苢，薄言袺之。采采芣苢，薄言襭之。

读着这篇节奏明快、情调欢快的名诗，我们仿佛进入了诗人描写的芳草如茵的旷野，不觉心旷神怡。然而根据闻一多先生的考证，诗中所歌唱的芣苢实际上是草药"车前草"。车前草对妇女小产很有疗效，故此，闻一多先生指出：这群妇女采集车前草的劳动，那欢快的节奏背后更深刻的内涵是对生育子女的热情期待。也就是说，诗中的车前草本来并不是审美意义上的一般芳草，而是很有实用价值的植物。

其次，当社会发展到一定程度，人类不满足于仅仅从实用的需要看待身边的万事万物，于是，开始把花木当作可以观赏的审美对象。因为这种新的态度，人类得到了审美和情感的满足，生活增添了自然情调和清纯气息。从此，爱花、赏花、种花、护花、写花、画花、说花、研究花的各种文化活动便渐次展开。

传说晚唐罗虬所撰的《花九锡》标志着赏花进入专业境界。罗虬把踯躅（即杜鹃花）、望仙（又名迎春花）和其他普通的山木、野草和兰、蕙、梅、莲等区别开来，认为只有后者才用得着"披襟"而赏、"九锡"而待之。他第一次提出了赏花、供花的整套方法，即"九锡"：一重顶帷（障风），二金错刀（剪折），三甘泉（浸），四玉缸（贮），五雕文台座（安置），六画图，七翻曲，八美醑（赏），九新诗（咏）。

宋代以来，爱花、赏花风气大盛，而且专业花事撰著大量涌现，各种花经、花谱一时蔚起。南宋吴曾的《能改斋漫录》，记时人丘浚在著牡丹书《洛阳贵尚录》十卷外，又撰《牡丹荣辱志》，站在天道、地利、人欲的高度，为牡丹列出了荣辱之事。

晚明袁宏道撰插花专著《瓶史》，他认为一般人附庸风雅，"每一花开，绯幕云集"，但"辱花者多，悦花者少"。为此，他列出"花快意十四、花折辱二十三"，前者为：明窗，净几，古鼎，宋砚，松涛，溪声，主人好事能诗，门僧解烹茶，苏州人送酒，座客工画花卉，盛开快心友临门，手抄艺花书，夜深炉鸣，妻妾校花故实；后者为：主人频拜客，俗子阑入，蟠枝，庸僧谈禅，窗下狗斗，莲子胡同歌童，弋阳腔，丑女折戴，论升适，强作怜爱，应酬诗债未了，盛开家人催算帐，检《韵府》押字，破书狼籍，福建牙人，吴中赝画，鼠矢，蜗涎，僮仆偃蹇，令初行酒尽，与酒馆为邻，案上有黄金白雪，中原紫气等诗。

总之，人们，尤其是文人士大夫长期在花前树下或者一杯清茶、吟诗作赋，或者结社聚友、论道谈天。久而久之，令花木也染上了文人的气息，变为风流蕴藉的清物。

第三，中国的花木文化首先是朝精英文化方向发展。那些在仕途上奔竞、"心为形役"的士人，心底不自觉地涌起庄子"山林与，皋壤与，使我欣欣然而乐与"的情感。他们以走近自然、欣赏花木的方式调节身心，在花木中重新找回迷失的自我，得到精神的回归和灵魂的安顿。陆游 "为爱名花抵死狂"（《花时遍游诸家园》）、龚自珍 "三生花草梦苏州"（《己亥杂诗》）意即在此。

在儒家文化熏陶下，中国人往往还把花木与人的精神境界、修养层次联系起来。松、柏、竹、兰最早获得君子的雅号，菊、莲、梅等也陆续进入这个范围，它们在中国花木中享有至尊地位。

总之，在精英文化的视野中，花木是中国文人的精神象征，而不再是纯粹的自然生命。也正因为这样，花木文化必然与社会、历史内容相关联，成为文化的载体。

第四，花木文化在精英文化的培育下融入了民族传统，它也在走向民间，进入民俗，其表现是多方面的：民间技艺如家具制作、刺绣等渗透着浓郁的花木文化气息；花神、花精之类的故事层出不穷；把花融入民间生活的花朝节，热热闹闹地从古代走到近代；把花作为人际交往手段、在花的陈设和馈赠中形成一套花语系统，更迫使社会成员不得不学习花木文化知识……

如此看来，学习中国花木文化要站在较高的层次上，以便全面把握它的丰富信息。目前介绍花木的读物不少，我们在借鉴其他学者的研究成果的基础上，系统总结中国花木文化的内容，希望用较为轻松有趣的方式，与读者一道分享。

明·程大伦《柳堂待客图》

第一章

花木与日常生活

> 说起花草树木，人们首先想到的是它们的审美价值，好像它们只是超乎功利的玩物，是有钱人、有闲人的享受。其实不尽然，花木还有其非常实用的一面，我们的食物、衣物、居住环境等便多取资于花木。

餐芳馔蕊

说到花木的食用价值，不妨先引段故事。曾在慈禧太后身边做过几年女官的唐裕德龄，在其英文著作《御香缥缈录》中有一节记述慈禧爱花、食花之事，写得非常细腻和生动："太后的爱好花卉是很有科学家的风度的，伊决不仅以观赏为已尽爱好之能事；伊对于无论哪一种花，都想充分地利用它们。譬如把各种鲜花采去给那些做绣作的女工当标本，把玫瑰花凤仙花的液汁制成化妆用品等，都是很有意义的。"接下来，作者详细地描述了慈禧以菊花入食的情形：

慈禧太后着色照片，背景有菊花

先把那一种名唤雪球的白菊花采下一二朵来，大概是因为雪球的花瓣短而密，又且非常洁净，所以特别的宜于煮食；每次总是随采随吃的。采下之后，就把花瓣一起摘下，拣出那些焦黄的或沾有污垢的几瓣一起丢掉，再将留下的浸在温水内洗上一二十分钟，然后取出，再放在已溶有稀矾的温水里漂洗，末了便把它们捞起，安在竹篮里沥净，这样就算是端整好了。

第二步当然便是煮食的开始。太后每逢要尝试这种特殊的食品之前，总是十分的兴奋，像一个乡下人快要去赴席的情形一样。

吃的时候，先由御膳房里给伊端出一具银制的小暖锅来……那暖锅里先已盛着大半锅的原汁鸡汤或肉汤，上面的盖子做得非常合缝，极不易使温度消失，便是那股鲜香之味，也不致腾出来。其时太后座前已早由那管理膳食的大太监张德安好了一张比茶几略大几许的小餐桌，这桌子的中央有一个圆洞，恰巧可以把那暖锅安安稳稳地架在中间；原来这桌子是专为这个意义而设的。和那暖锅一起打御膳房里端出来的是几个浅浅的小碟子，里面盛着已去掉皮骨、切得很薄的生鱼片或生鸡片；可是为了太后性喜鱼的缘故，有几次往往只备鱼片，外加少许酱醋。

　　那洗净的菊花瓣自然也一起堆在这小桌子上来了。于是张德便伸手把那暖锅上的盖子揭了起来，但并不放下，只擎在手里候着，太后便亲自拣起几许鱼片或肉片投入汤内，张德忙将锅盖重复盖上。这时候吃的人——太后自己——和看的人——我们那一班——都很郑重其事的悄悄地静候着，几十道的目光，一起射在那暖锅上。约摸候了五六分种，张德才又前去将盖子揭起，让太后自己或我们中的一人将那些菊花瓣的量抓一把投下去，接着仍把锅盖盖上，再等候五分钟，这一味特殊的食品便煮成了。……

　　鱼片在鸡汤里烫熟后的滋味，本来已是够鲜的了，再加上菊花所透出来的那股清香，便分外觉得可口；而菊花的本身，原是没甚滋味的，但经鸡汤和鱼片一渲染，便也很鲜美了。太后吃得高兴时，往往会空口吃下许多去。我们站在伊的旁边饱闻那股香味，却很觉难受。偶然得太后慈悲，教我们把伊吃剩的分食掉，便不由欢喜得了不得，谁也不肯再讲什么谦让之礼，恨不得独自吞了下去。（摘自秦瘦鸥译本）

　　以上清宫故事中说到的用菊花下汤，大概是清廷御厨的一大发明，食法的精致、考究，体现了皇家饮食文化的风格。不过，其中反映的以花为食却并不稀奇。譬如说菊花，早在战国时期，屈原在《离骚》中就已有"夕餐秋菊之落英"的诗句，只是"秋菊之落英"怎么入餐，我们却不得其详。今天能知其详的最早的食菊之事，大约是汉代的以菊酿酒，葛洪《西京杂记》卷三中戚夫人侍儿贾佩兰谈汉宫故事，就有以下记载：

> 九月九日佩茱萸，食蓬饵，饮菊花酒，令人长寿。菊花舒时，并采茎、叶，杂黍米酿之。至来年九月九日始熟，就饮焉，故谓之菊花酒。

将菊花及其茎、叶都同时采来，掺入黍米中酿造，其事仍然出自宫廷，但流入民间应该也不会太晚。据萧统《陶渊明传》记，陶渊明九月九日在宅边的菊丛中坐，"满手把菊"，此时恰好江州刺史王弘送酒来，陶渊明"即便就酌，醉而归"。后人把这两件事合在一起，于是就有了著名的重阳饮菊花酒的习俗。《西京杂记》所记的制菊花酒的方法，被宋代史铸《百菊集谱》载入，而宋人朱翼中《酒经》所记则是"取菊花曝干，揉碎"，可见菊花酒已很流行，制作方法已很多了。事实上，菊的食用价值还远不止此，南朝陶弘景《本草经集注》有用菊叶制成羹的记载；南宋林洪《山家清供》记有以菊花入饭食之法："采紫茎、黄色正菊英，以甘草汤和盐少许焯过，候饭少熟，同煮。"

古人以花卉入食，是非常普遍的。除菊花酒外，酒中的名品还有桂花酒、酴醿花酒、石榴花酒、竹叶青酒等。用花做糕饵也起源很早，最有名的是武则天发明的"百花糕"。据明彭大翼《山堂肆考》记，有一年的花朝节，武则天率宫女游园观花，突发奇想，便令人采集百花，与米一起捣碎，蒸制成糕，名之"百花糕"，并颁赐群臣。花糕也因此为后世沿袭，见于记载的名品有以芙蓉花做的"雪霞羹"、用桂花做的"广寒糕"等。此外，馔花、餐芳成为颇为风雅的生活内容，譬如众多的花露饮品、粥食，记载于历代的花谱、食谱及养生著作之中，若整理出来，必定蔚为大观。

其实，我们吃的五谷杂粮、瓜果蔬菜，喝的清茗、醇醪，莫不出自草本、木本、禾本，应该说植物是人类赖以生存的、最重要的食物来源，素食主义者甚至以植物为惟一的食物。作为人类基本食物的草木，如今已经被我们习焉不察，在意识中不会把它们与观赏类的花木视为同类。譬如莼，不过是水草，但却是秋日江南的一道美味，尤其因晋人张翰的故事而享名。《世说新语·识鉴》记载："张季鹰（张翰）辟齐王东曹掾，在洛见秋风起，因思吴中莼菜羹、鲈鱼脍，曰：'人生贵得适意尔，何能羁宦数千里以要名爵！'遂命驾便归。"为两道时令菜，竟弃官而去，张翰的取舍中所包含的价值观，令追求纵情适性的晋人为之一惊，更令后世文人钦羡不已。莼菜羹，也因此成为中国诗词常用的意象，平添了几分审美意义。更具审美情调的竹笋，由于承载了历代文人许多韵事，不断被人吟咏，因而当被端上餐桌之时，可能还会唤起人们一些幽雅的情思，想起宋代墨竹画的代表人物文同，想起他爱画竹、爱吃竹笋的故事，以及苏轼调侃他的诗句："汉川修竹贱如蓬，斤斧何曾赦箨龙（箨龙为竹笋的别名）。料得清贫馋太守，渭滨千亩在胸中。"

《吕氏春秋·本味篇》向来被推为中国饮食文化最早的重要文献，它谈论了多种"菜之美者"。其中，"昆仑之蘋"据《本草纲目》所考，是俗名四叶菜、田字草的水草；"寿木之

明·米万钟《竹石菊花图》

13

明·项圣谟《野菜》

华"是不死之树的花；而赤木、玄木则是其叶可食；另有名为嘉树、芸菜、芹菜、蔓菁、士英诸种，想来也是吃其茎叶的。而这些记载，却是精于烹饪的贤相伊尹借烹饪之理向商汤陈述治国大道的比喻，所以钱锺书在《吃饭》一文中说："伊尹是中国第一个哲学家厨师，在他眼里，整个人世间好比是做菜的厨房。"伊尹的视角，先秦以来一直流行。《诗经·桧风·匪风》说到烹调，毛公注："知亨（烹）鱼则知治民矣。"《老子》第六十章则更有"治大国若烹小鲜"的名言。饮食之细，菜蔬之末，烹调之微，在古代就已与治国、治天下相联系，这不能不说是中国文化的特色。

灵草去沉疴

在中国，医药与食物同源。因中药取自草木者为多，故"药"字以草为形，《说文解字》说："药，治病草也。"虽然在草木之外，还有以矿物、动物入药者，但中国长期以"本草"作为中药之名，因而，"本草学"即中国古代的药物学，中国第一部药物学著作即名《神农本草经》，明代李时珍所撰的集古代药物学大成的著作名为《本草纲目》。

中药的起源，《淮南子·修务训》认为与农业的发明相伴："古者民茹草饮水，采树木之实，食蠃蠬之肉，时多疾病毒伤之害。于是神农乃始教民播种五谷，相土地宜燥湿肥硗

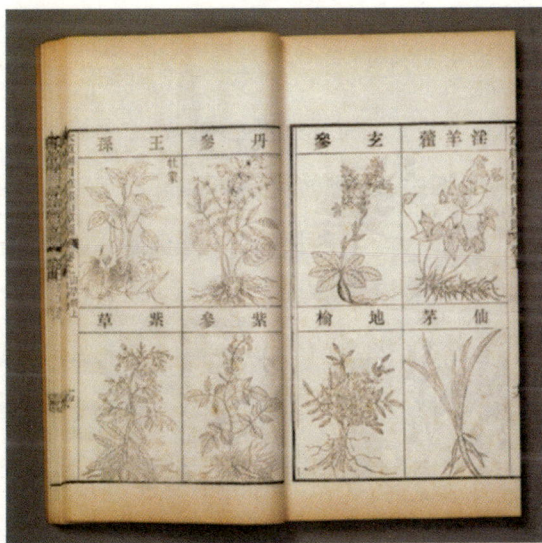

李时珍《本草纲目》

高下。"可见，远古人类从游猎畜牧的食肉到兼取植物为食，从直接食取自然物到播种农业以获取食物，是一个进化过程，神农正是农业文明出现的神话代表。与此同时，《淮南子·修务训》又记述神农"尝百草之滋味，水泉之甘苦，令民知所避就。当此之时，一日而遇七十毒"，这就是以药物治病的开端，神农因此又被民间奉为药王菩萨。东晋干宝的《搜神记》则载有更具神话色彩的细节："神农以赭鞭鞭百草，尽知其平、毒、寒、温之性，臭味所主，以播百谷。"现代文化人类学认为，这则神话中，神农的"赭鞭"有阳光与火的信息，其中反映出药物发明的时代特征。

减除病痛，是医药发明的最直接的动因，但根据《山海经》中许多神异植物的记载，我们还能发现它的另一驱动力。《海内西经》记有"不死之树"，《大荒南经》则记"有不死之国，阿姓，甘木是食"（根据郭璞所注，"甘木即不死树，食之不老"）。其所反映出的明确的信息——追求长生不死，或者说延年益寿，正是人类各种根本欲望中具有普遍意义的一种。再结合后世民间信仰中的桃、菖蒲等具有巫术色彩的灵异植物，我们似乎可以说，草、木特别是那些常青或多年生的植物，是作为古人"生命之树"的意象，而不断被挖掘出其食用、药用价值和审美文化意义的。

在数千年的发展演进中，许多中药的发现都有故事。譬如，诗词中常见的浮萍是江南随处可见的水生植物，古人认为其性轻浮，对它印象不太好，一般不会把它与药联系起来。但在北宋疏凿运河的时候，人们发现了一块石碑，上有梵文书写的文字，当时无人能晓。后找到精通梵文的道士林灵素，把它逐字翻译出来，才知道原来是用诗写的一个方子，方名"去风丹"，诗为：

天生灵草无根干，不在山间不在岸。始因飞絮逐东风，泛梗青青飘水面。神仙一味去沉疴，采时须在七月半。选甚瘫风与大风，些小微风都不算。豆淋酒化服三丸，铁镤头上也出汗。

诗中的三、四两句源于古人的一种认识，即杨花落水化为浮萍，苏轼咏杨花的《水龙吟》即有"晓来雨过，遗踪何在？一池萍碎。春色三分，二分尘土，一分流水。细看来，不是杨花，点点是离人泪"的名句。该诗明确告诉人们，被人瞧不起的水萍，对因风湿热邪内蕴所致的左瘫右痪，有很好的疗效。浮萍有青萍、紫萍两种，入药以紫萍为佳，故此方后人又称之为"紫萍一粒丹"。

又如现在中药常用的麦门冬，李时珍认为它须根似麦，而"其叶如韭，凌冬不凋，故谓之麦蘖冬"，为便于书写，俗作

"麦门冬"，此草在古代文献中还有"书带草"的雅称。根据《太平御览》卷九九四所引《三齐略记》的记载，东汉大儒郑玄（字康成）在不其城东的南山设帐教学，山下长有一种像韭菜一样的草，长有尺余，坚韧异常，当地人称之"康成书带草"，此草就是麦门冬，常栽种于阶前屋后，因而还有"沿阶草"之名。许多文学作品写此草用这个典故，突出它生长于阶前庭下的环境。如晚唐李群玉在一首凭吊诗中就有"旧馆苔藓合，幽斋松菊荒。空余书带草，日日上阶长"的佳句。苏轼有一首《书轩》的七绝道："雨昏石砚寒云色，风动牙签乱叶声。庭下已生书带草，使君疑是郑康成。"南宋周紫芝也有诗道："平生郑康成，不种花

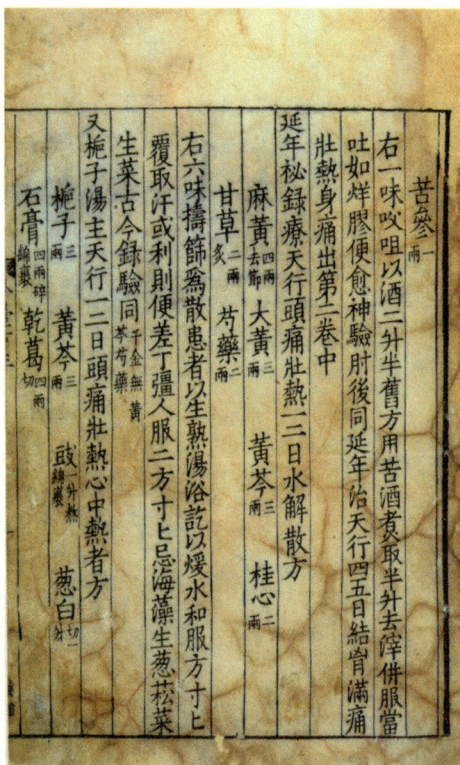

唐·王涛辑《外台秘要方》（南宋刻本）

婵娟。但闻书带草，罗生满堂前。"可见，这种常青草颇受文人墨客的爱赏。

当然，古代文人多有相当的医学知识，他们不仅看重书带草的观赏性，同时也关注其药用价值。如唐代开元时期"燕许大手笔"之一的张说，就在赠人出使的诗中写道："脱刀赠分手，书带加餐食。知君万里侯，立功在异域。"说的就是书带草的补益功效，这在《本草正义》《本草纲目》等药书中可得到印证，前者记："麦冬，其味大甘，膏脂浓郁，故专补胃阴，滋津液，本是甘药补益之上品。"后者更根据此草"不死草"、"禹余粮"的别名，解释说："可以服食断谷，故又有余粮、不死之称。"从治疗作用看，采麦门冬的块根制成的药，具有清热养阴、润肺养胃、清心除烦、润肠通便的功效。孙思邈的名方"生麦散"就是由人参、麦冬和五味子组配而成的，是夏日养生的良方。大文豪苏轼爱用麦门冬作药，他有一首诗题《睡起闻米元章到东园送麦门冬饮子》，是说书画名家米芾给他送来麦门冬的药，诗道："一枕清风直万钱，无人肯买北窗眠。开心暖胃门冬饮，知是东坡手自煎。"有一天夜里，苏轼发烧，热度很高，并伴有齿缝出血，血如蚯蚓一般外流不止，于是他用人参、麦冬、茯苓三味药熬浓汁，渴了就喝点，还把这事写信告诉了友人（《与钱济明三首》）。

其实，很多观赏性植物都有一定的药用价值，如兰花的根可以治肺结核、扭伤，叶可治百日咳，花可催生，果可止呕吐；月季花、玫瑰花的功效是活血调经、消肿解毒，为治妇科病之良药；桂花的功效则是化痰、散瘀，桂花子、桂树根的功效为暖胃、止痛；蔷薇花的功效为清暑、和胃、止血；菊花的功效为清热、明目、解毒；荷更全身皆宝，荷叶、荷梗为治痢疾、治暑热的良药，莲心、莲子用以清心火、降血压、补脾肾。

有"国色天香"之称的牡丹也能入药。牡丹有观赏和药用两种，这是在实际栽培中培植形成的：侧重培植其观赏性的，追求的是花朵大、花瓣多、色彩缤纷等特色；侧重培植其药用价值的，则多在根上做文章，使之根条粗、肉厚、粉性足。其实，牡丹的花也可入药，味苦淡，性平无毒，有调经活血功能。其根皮入药则更常见，药名为丹皮，味辛苦、性凉，有清热、凉血、活血消瘀的功用。

隔牖风惊竹

论居住条件，都市和小镇、城镇和乡村是大不一样的，但我们仍然能找到它们之间一些共同的方面。

先说房舍。原始人或者构巢树上，或者掘地穴居，后来逐渐学会在地面上"构木为巢"、建造房舍，形成了土木建筑的

南宋·赵葵《杜甫诗意图》局部

房屋。长期以来，一般百姓的房屋都很简陋，柱梁是容易取材的树木和竹材，房顶则是铺盖草茅。张籍《江南曲》用"清莎覆城竹为屋"的诗句来描述他对江南民居的印象。元稹在《茅舍》一诗中更详尽描写道："楚俗不理居，居人尽茅舍。茅苫竹梁栋，茅疏竹仍鳞。"《清明上河图》所绘的郊农住宅中，也多是墙身很矮的茅屋。民居如此，贫士的居所也不会两样。譬如因安史之乱而流落到成都郊外的杜甫，完全靠友人接济，只能盖一所草堂，大风一起，"卷我屋上三重茅"，这才有了《茅屋为秋风所破歌》的著名诗章。而白居易初被贬于江州的时候，住地也是"芦荻编房卧有风"（《初到江州》）。但是，都市富豪的宅第、政府的官衙，尤其是皇宫，建筑日益精美，特别考究，草茅自然被淘汰，柱础梁栋往往采择上好的木料。此外，各种精加工的材料、许多精巧的建筑和装饰方法，使这些房屋更为精美和气派。而在极尽人工之巧中，树木材料依然是必备的，能让人多少体会到自然造化的恩赐。

　　比较特别的是，后世很多文人士大夫在有条件修筑深宅大院时，却更倾向于向简陋的茅舍、草堂靠拢。岑参在终南山修有双峰草堂，白居易在庐山有草堂，辛弃疾在带湖边所筑居处也是："东岗更葺茅斋，好都把，轩窗临水开"（《沁园春·带湖新居将成》）。很明显，是这种简陋的茅舍草堂，而不是富丽堂皇的华屋大居，更易于让人亲近自然的恬静，洗却奔竞

清·焦秉贞《耕织图》之"采桑图"

的尘劳。更特别的则是北宋隐士徐佺，他不仅在隐居之处植海棠，而且在海棠树上架木构屋，筑成"海棠巢"。因为爱花，徐佺几乎是回到了原始人构巢木上的时代。这是一个比较极端的例子，但它以夸张的形式反映了古人希望与花树日夕厮守、长相为伴的心理。

再说庭院。中国很早就形成了以家庭为单位的农业生产格局，房前屋后往往要栽种树木。孟子据此建构的社会理想便有"五亩之宅，树之以桑，五十者可以衣帛矣"的描述。种桑是为了养蚕，解决穿衣问题，桑树成为家庭庭院经济的重要表征，它与梓树一起逐渐成为家园的象征，故《诗经·小雅·小弁》道："维桑与梓，必恭敬止。"直到今天人们还用"桑梓"一词来称呼故里。梓树，以及与它同科的楸树，还有梧桐树，都是许多家庭必种的，大多是出于经济考虑。以梓树为例，它的嫩叶可食，皮是一种中药（名为梓白皮），木材轻软耐朽，是制作家具、乐器、棺材的美材。司马迁在《史记·货殖列传》中指出：

> 谚曰："百里不贩樵，千里不贩籴。"居之一岁，种之以谷；十岁，树之以木；百岁，来之以德。

意思是说，如果一个家庭在某处要居住十年之久，就得在宅院中种树，这样，家庭经济才有保障。据此，潘岳做河阳县令时所谓的"遍树桃李"（《白氏六帖》），也似含有经济目的。

但是，至少从潘岳的时代即西晋开始，庭院植树的审美目的已得到重视。与此同时，在庭院中广植奇花异草，也逐渐成为时尚。庾信《春赋》中"河阳一县并是花，金谷从来满园树"的描写，即是以美的欣赏作为视角。

譬如种竹，初意当然是功利目的，但《世说新语·任诞》却有这样的故事，说王徽之曾在别人家空宅暂时寄住，才一搬来便令人种竹，人问何必，王徽之"啸咏良久"，指着竹子说："何可一日无此君！"八百年之后，苏东坡用诗解释道："宁可食无肉，不可居无竹。无肉令人瘦，无竹令人俗。"种竹赏竹，成为文人寄托清高脱俗情怀的一种方式。

其他花木，也渐渐被人们用作美化环境的手段，都市中"家家有芍药"（孟郊《看花》）也就可想而知。为了种花，居民愿意花钱买苗："金钱买得牡丹栽，何处辞丛别主来。红芳堪惜还堪恨，百处移将百处开。"（白居易《移牡丹栽》）为了名贵的花，甚至有"王侯家为牡丹贫"（王建《闻说》）的现象。

在乡村，庭院种植所具有的经济意义更为重要，然而，它

休园图（部分）

的审美价值也在被人关注。历代的田园诗人便多用审美的眼睛来观看花木，就连边塞诗人高适，在寻访田家时，看到"门前种柳深成巷"，也仍然将其视作美的对象而写入《寄宿田家》一诗中。长期以来，中国文化中已形成一种认识，正如林语堂在《生活的艺术》一书中所说："房屋的四周如若没有树木，便觉得光秃秃的如男女不穿衣服一般。树木和房屋之间的分别，只在房屋是造成的，而树木则是生长的。"

这里要特别关注的是历代文人士大夫所修筑的园林。中国园林有浓郁的自然气息和艺术情调，而回归自然，几乎是人类的根本性主题，正如周维权先生在《中国古典园林史》绪论中所说："城市的出现必然伴随着人与大自然环境的相对隔离", 而"园林乃是为了补偿人们与大自然环境的相对隔离而人为创设的'第二自然'"。这是因为在中国,一般文士无法彻底从城市、从政治体系中疏离出来,一方面他们必须——有时候是无奈地被裹挟着——处在奔竞场中,另一方面他们内心又在挣扎,企图摆脱这是非之地。修筑园林,就多少解决了这一矛盾。修建在城市内或城市周边的住宅园林,和构建于远郊或风景名胜地区的别墅园林,面貌和功能虽有一定的差异,但根本性质是相同的。

第一,以花木为重要元素的园林是文士艺术化的居住环境。中国园林的四大造园要素是山体、水体、建筑和花木,其中,花木不是摆在第一位的,但却是使园林生动秀逸的关键元素,是造园之所必备。王维笔下的"隔牖风惊竹,开门雪满山"(《冬晚对雪忆胡居士家》),只因一处竹丛,便使生活环境艺术化了。李商隐访问"骆氏亭"后产生诗兴,写下名作:"竹坞无尘水槛清,相思迢递隔重城。秋阴不散霜飞晚,留得枯荷听雨声。"(《宿骆氏亭》)这所把水作为主体的园子,周边广植绿竹,透出几分清幽。此刻,水中残荷竟也同样给人以美的观感和情感的寄托。辛弃疾在带湖营造茅斋,对植物的经营就更讲究了:"要小舟行钓,先应种柳,疏篱护竹,莫碍观梅。秋菊堪餐,春兰可佩。"(《沁园春·带湖新居将

明·戴进《归田祝寿图》

成》）很明显，葱茏的花木作为自然生命和自然美的集中体现，当它们被栽植到园林后，便成为了文士观赏的对象，从而使文士的生活更富有自然与超世气息，花木最终成为他们艺术化生活不可或缺的要素。

园林有了花木之后，甚至能使人间权力、官场气派也不再显得那么世俗。《青箱杂记》就讲到一个故事，说有人写了"轴装曲谱金书字，树记花名玉篆牌"的句子以标显富贵，晏殊看到之后，评论道："这是乞儿相，作者并不真懂富贵。"

原因是这位作者以为富贵就是有金、玉、锦绣之物。为此，晏殊这位富贵宰相示范地写了"梨花院落溶溶月，柳絮池塘淡淡风"的诗句，《青箱杂记》点评："穷人家有此景致耶？"认为这样的句子才写出了"富贵气象"。我们稍加品评、琢磨，就明白这相府的庭院、池塘，因了梨花、柳絮，以及溶溶月色、淡淡和风，便显出了雍容、悠闲的气象。所以，我们不妨说，花木可以使世俗的东西变得富有诗意。

第二，以自然为本、以自然为依归的园林更是文士的精神领地，他们的精神价值和追求在这里得以体现、表达和维系。中国古代文士既有治平理想，向往建功立业，更以天人合一为最高的精神境界，这是一种超脱世俗荣利，在澄怀静观中获得的精神性体验，园林恰好满足了他们的精神需求。最典型的是，很多文士年轻时都壮志凌云（就如"性本爱丘山"的陶渊明，少壮时候也是"猛志逸四海"），后来经过仕途的摧挫，心理才变得更加坚强，精神境界才逐渐进入更成熟、更圆满的境地。如明代古文名家归有光在《栎全轩记》中就记录了一位名叫余峰的人，年轻时出类拔萃，荣登朝堂，但没多久就被排挤，心理很不平衡。到了晚年，他修筑"栎全轩"以居的时候，"处静以观动，居逸以窥劳，而后知今之为得也"。回首平生，他对进退出处之道才真正想通，认识到"天下之人，孰不自谓为才，故用之而不知止。夫惟不知其止，是以至于穷"。归有光认为这是"知道之言"。可见，园林游赏不仅是失意者的情感慰藉，更是他们精神升华的媒介。

明·朱瞻基《武侯高卧图》

【第二章】
花木的文化内涵

　　花草树木本是自然性的存在，只有科属之分、地理之别，其自身是没有文化信息的。然而，正如金圣叹妙语所说："人看花，花看人。人看花，人销陨到花里边去；花看人，花销陨到人里边来。"当人与花草建立亲密关系之后，其影响便是相互的了。在中国文化典籍中很早就有花花草草的身影，孔子甚至以"多识鸟兽草木之名"要求儿子学习《诗经》，草木知识因此进入古代文人的知识范围。

花草喻品性，在草木中取友

　　人与植物的关系最早应该源于实用目的，随着社会文化的发展，这种关系逐渐发生着变化。譬如孔子谈论松柏时，说：

"岁寒，然后知松柏之后凋也。"（《论语·子罕》）这明显是以物喻人，借物性说人的品节。受孔子影响，荀子看松柏时，也联系上了君子："岁不寒无以知松柏，事不难无以见君子无日不在是。"（《荀子·大略》）此后，松、柏在中国文化中就逐渐形成了固有的性格，宋儒在讲论《论语》的时候，把松柏的文化特性作了凝练："士穷见节义，世乱识忠臣。"（《论语集注》朱熹引谢良佐语）

竹也很早就跟松柏一道被视作与人的精神相关，《礼记》便道："其在人也，如竹箭之有筠也，如松柏之有心也。二者居天下之大端矣，故贯四时而不改柯易叶。"人们重视松、柏、竹三物凌寒不凋、坚贞劲节的特点，是因为这些特点与做

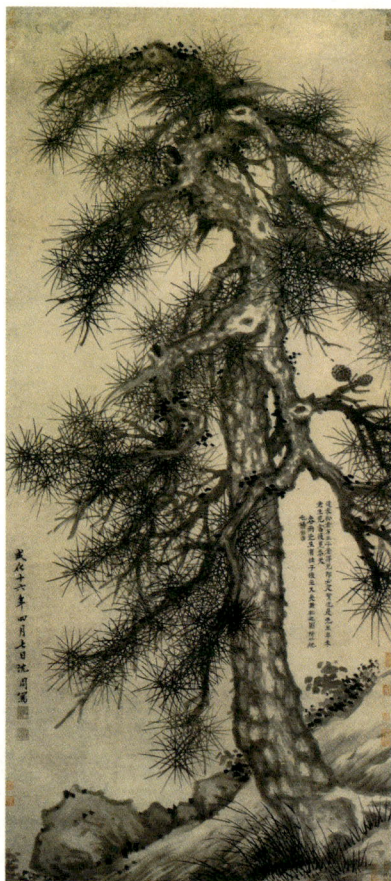

明·沈周《松石图》

人之道有相关性，可以用来激励人，"松柏心"、"竹筠"便成为后世的习用语。

再如芝兰，《孔子家语》引孔子的话说："与善人居，如入芝兰之室，久而不闻其香，则与之化矣；与恶人居，如入鲍鱼之肆，久而不闻其臭，亦与之化矣。""芝兰生于深谷，不以无人而不芳；君子修道立德，不为困穷而改节。"这里注意到的是芝兰的芳香特性和多在山谷生长的生活习性，正好又符合儒家对君子品质的要求，如孟子所倡导的"富贵不能淫，贫贱不能移，威武不能屈"的大丈夫精神，与其从本质上看是一致的。

除以上四种之外，同样被拿来与人比德的草木还有很多，如橘树先是被屈原作为清高、独立人格的象征，后在张九龄《感遇诗》和其他许多诗人笔下，得到呼应。莲花首先是被佛教视为法物，到了北宋，周敦颐《爱莲说》又充分发掘了它"出淤泥而不染，濯清涟而不妖，中通外直，不蔓不枝，香远益清，亭亭净植，可远观而不可亵玩焉"的特点，于是其"花中君子"的形象得以正式确立。菊在被屈原歌咏之后，三国时候，曹丕又赞叹它在金秋时节"纷然独荣"。钟会则写了文学史上第一篇《菊花赋》，歌颂菊花"百卉凋瘁，芳菊始荣"的凌霜不惧。此后的陶渊明与菊则有更深的契合，不仅说"怀此贞秀姿，卓为霜下杰"，而且还有"采菊东篱下，悠然见南

33

清·汪士慎《春风三友图》

山"的名句。菊花后来仍不断被歌咏，于是便承载了高洁、傲岸、超拔、隐逸、幽独、清奇、素雅、冷艳、刚毅、坚贞、无畏等许多内涵（何小颜《花与中国文化》）。

在以花比德、以草木比喻品性这一观念下，中国文人雅士与花草之间，就产生了朋友、宾客之类的关系，因此，"岁寒三友"、"三益之友"和"花中十客"、"花中三十客"等诸多说法，指不胜屈。

比较公认的说法是以松、竹、梅合为"岁寒三友"，如明代无名氏《渔樵闲话》四折有："到深秋之后，百花皆谢，惟有松、竹、梅花，岁寒三友。"对于松、竹、梅的品性，这里不妨抄录林语堂在《生活的艺术》一书中的妙解：

> 正如隐居的高士，宽袍大袖，扶着竹杖在山径中行走，而被人认为是人类的最高理想一般，李笠翁因此曾说，坐在一个满植杨柳桃花的园中，而近旁没有松树，就等于坐在儿童女子之间，而旁边没有一个可以就教的老者一般。中国人为了这个理由，于爱松之中，尤爱松之老者，越老越好。因为它更其雄伟。……老子说，大块无言，苍老的松树也无言，它只是静静地沉着地立在那里俯视世界，好似觉得已经阅历过多少的人事沧桑，它像有智慧的老人一般无所不懂，不过从不说话，这就是它神秘伟大的地方。

人的爱竹，爱的是干叶的纤弱，因此植于家中更多享受。它的美处是一种微笑般的美处，所给我们的乐处是一种温和的乐趣。竹以瘦细稀疏为妙，因此种竹两三株，和一片竹林同样的可爱，不论在园中或画上。

梅树的可爱处在于枝干的奇致，和花的芬芳。……梅树特别象征品质的高洁，一种寒冷高爽的纯洁。它的香味是一种冷香，天气越冷，它就越有精神。它也和兰花一般表征幽静中的风韵。宋代诗人林和靖曾以妻梅子鹤自傲。

"岁寒三友"的意义，源于中国文化对人的品性和精神个性的追求，因此，我们毋宁说，松、竹、梅表现的是中国人自身的性格和精神追求，而林语堂这段话正是从这一层面阐发的，的确相当精妙。

以梅、竹、石为"三益之友"，则出自苏轼的《题文与可画》，其中道："梅寒而

清雍正·三友图珐琅彩橄榄瓶

秀，竹瘦而寿，石丑而文，是为三益之友。"这里用以与梅、竹相配的石，朴拙而玲珑，与梅、竹正好形成映衬关系，构成了一组苍老娟秀的美，正是宋代以来中国文化的典型特征。

至于"花中十友"、"十二客"、"三十客"等说法，宋以来常为人乐道。明人都卬《三余赘笔》曾分别记宋人曾端伯的"花中十友"说和张敏叔的"花中十二客"说，列示如下：

花 中 十 友	
荼蘼—韵友	海棠—名友
茉莉—雅友	菊花—佳友
瑞香—殊友	芍药—艳友
荷花—浮友	梅花—清友
岩桂—仙友	栀子—禅友

花 中 十 二 客	
牡丹—贵客	莲花—静客（一作净客）
梅花—清客	荼蘼—雅客
菊花—寿客	桂花—仙客
瑞香—佳客	蔷薇—野客
丁香—素客	茉莉—远客
兰花—幽客	芍药—近客

另外，宋人姚宽《西溪丛语》卷上记其长兄姚伯声所列"花中三十客"如下：

牡丹——贵客	梅花——清客	兰花——幽客
桃花——妖客	杏花——艳客	莲花——溪客
木犀——岩客	海棠——蜀客	踯躅——山客
梨花——淡客	瑞香——闺客	菊花——寿客
荼蘼——才客	腊梅——寒客	木芙蓉——醉客
琼花——仙客	素馨——韵客	丁香——情客
葵花——忠客	含笑——佞客	杨花——狂客
玫瑰——刺客	月季——痴客	木槿——时客
安石榴——村客	鼓子花——田客	棣棠——俗客
曼陀罗——恶客	孤灯——穷客	棠梨——鬼客

综合以上各种说法，就其大者而言，都是以拟人的视点、择友的意义作出判断，正面的都属于益友的范畴。人们晤对、玩赏的是草木，但毋宁说是在参悟择友之道，在涵养自身的品性。因此，我们不妨说：通过育草赏花，中国人的心性也得到了培养与提升。再进一步说，取友不可滥，养花也就必得严于择取了，袁宏道说："终不敢滥及凡卉。就使乏花，宁贮竹柏数枝以充之。"（《瓶史》）

通情的草木，多情的文人

在中国文人眼里，一草一木都是有生命而充满感情的。它们和人的生命、悲欢息息相关，人与草木有天然的感应关系。

最有传奇色彩的是虞美人草。传说人若在此草边上弹唱《虞美人曲》，就能见到它"枝叶皆动"，若试以别的曲子，

明·仇英《捉柳花图》，取材白居易《别柳枝》绝句

就不尽然。后来有人仔细研究，找到了窍门。原来，《虞美人曲》是吴音，凡吴音琴曲，都能使之婆娑起舞（详见《梦溪笔谈》卷五）。这是比较特别的例子，古人也往往把它当作奇闻听，未必当真。可是，认为草木通人情、解人意、能抚慰人的观点，是非常普遍的。

在各种草木中，杨柳大概最与人的感情相关了。在《诗经》里写离别的"昔我往矣，杨柳依依"名句的熏陶下，人们一到要分离、送行的时候，总能看到"杨柳依依"的影子。送的人，折柳送别，以示挽留（"柳"与"留"音近）；走的人，看着带烟含愁、拂水飘绵的柳影，回味惜别之意，双泪暗滴。正因为这样，离人走后，留给多情人的是长久的追忆。南宋多情词人吴文英与情人在柳陌分别，过了一年，词人又见暗碧的柳路，仍然怅恨不已："楼前绿暗分携路，一丝柳，一寸柔情。"（《风入松》）面对堤上飘坠的柳花，连为人旷达的苏轼，也变得柔情似水，在他著名的《水龙吟》词中，飘飞的柳絮一会儿像是"抛家傍路"的情郎，一会儿又变成了闺中人的愁肠，柳叶则分明是女子的愁眉，所谓"萦损柔肠，困酣娇眼"。并非所有的柳都通人情，能替人排遣愁绪，如宋代诗人陈与义未得功名而归的时候，路上情绪极度低沉："客里逢归雁，愁边有乱莺。杨花不解事，更作倚风轻。"（《道中寒食》）见莺、雁心烦，看到柳絮飘飘，更是恼怒，怪杨花的不善解人意。言下之意很清楚：杨花本应该是解人意的，为何如今却不懂人的感情？这与韩愈《晚春》"杨花榆荚无才思，惟解漫天作雪飞"诗句意思相似。以上正反两面的例子都说明着杨柳与中国文人深刻的情感联系。

杨柳之外，还有很多植物都寄托着人的情感。李贺的名句"衰兰送客咸阳道，天若有情天亦老"中，与"无情之天"相对的，是一路送行的"衰兰"。兰形衰而情挚，多少抚慰了离别者的伤怀。周邦彦在蔷薇花谢之后，来到花园凭吊，静静绕着蔷薇花丛低声叹息，这时，只见"长条故惹行客，似牵衣待话，别情无极"（《六丑》）。原来，蔷薇的枝条，因为花的萎谢伤心、痛苦，见人来凭吊，正要拉着词人诉说失去伴侣的苦痛呢！词人对蔷薇微物用情之深，实在是伤心人别有怀抱。我们不妨一问：如果不是词人自己伤春恨别，怎能如此体贴入微呢？

植物的有情，是有情之眼看出来的，可是，另外一些时候，却似乎并非如此。宋代诗人杨万里，在五十一岁回顾平生创作轨迹的时候，说自己几年前已进入一种自如、自由的创作境地，有道："自此每过午，吏散庭空，即携一便面，步后园，登古城，采撷杞菊，攀翻花竹，万象毕来，献予诗材。"（《荆溪集序》）本来，包括杞、菊、花、竹等在内的万象，是很多诗人用心、用力走近和表现的对象，"推敲"也好、

明·王毂祥《松梅兰芝图》

"一字师"也好，这些故事都说明要找到最佳的表现对象，把对象写好，本是很不容易的。然而，杨万里已经超越了苦吟的阶段，作诗已不是他寻求万象，而是万象主动走近诗人。同样的境界，同时的词人姜夔也多次写到，如他的名作《暗香》。词中写世事蹉跎，如今自己心灰意冷，没有诗情，就在此时，"但怪得竹外疏花，香冷入瑶席"，原来自竹丛的另一边，梅花的冷香飘到席前，激起词人写作的灵感。另一首写荷花的《念奴娇》也是如此："嫣然摇动，冷香飞上诗句。"

还有一种形式是：有情之人与拟人化的花草，互相之间可以交流、沟通、对话。当陶渊明弃官归田、写了"三径就荒，松菊犹存"之句后，松菊缘、松菊盟、松菊主人等名词就成为了许多清高脱俗、向往隐逸的中国文人的常用语汇。而当《淮南子》"槐榆与橘柚合而为兄弟"的说法与北宋诗人黄庭坚以"山矾是弟梅是兄"的诗句出现之后，与花称兄道弟之事便变得平常了。

历代文人痴于花草的，实在不少。晋人王徽之面对竹林有"不可一日无此君"之叹，恐怕应属第一个痴情于竹的。北宋文学家欧阳修"泪眼问花"，也是把花视作知己。唐末五代诗人罗隐有诗句"若教解语应倾国，任是无情也动人"，把牡丹作为痴恋的美女来看待，认为牡丹除了不会开口说话，简直就是"一顾倾人城，再顾倾人国"的绝代佳人。唐代女诗人薛涛在《牡丹》一诗中则干脆做起牡丹的情人来：

> 传情每向馨香得，不语还应彼此知。
> 只欲栏边安枕席，夜深闲共说相思。

这丛牡丹已是情人的角色，它虽然"不解语"，但却以其美丽和馨香愉悦着诗人，更重要的是知心解意。诗人不仅白天与之长相厮守，甚至夜里准备要把床席铺到花丛边，以便夜半还能互诉相思衷肠。

古人除薛涛外，以同样情感待花的不在少数，袁宏道《瓶史》就有"一花将萼，则移枕携襆，睡卧其下，以观花之由微至盛至落至于萎地而后去……是之谓真爱花，是之谓真好事"的说法。张潮《幽梦影》也说："以爱美人之心爱花，则护惜倍有深情。"待花之道发展至此，我们才能理解以梅为妻、以鹤为子的宋代诗人林逋。到了林逋，人与花从纯粹精神性的联系，转变而为人伦关系，花代替了"食色，性也"中的一种人性自然需求。

以上诸种人花之恋，似乎都是人为主、花木为宾，二者的关系，都出自人这单方面的需要。还有一类人如历代的花经、花谱的作者，也即养生、育花的名家，让人看到了人花关系的新面貌。《瓶史》中以下一段，便清楚地展示出这一全新的关系：

> 夫花有喜、怒、寤、寐、晓、夕，浴花者得其候，乃为
> 膏雨。淡云薄日，夕阳佳月，花之晓也；狂号连雨，烈焰浓
> 寒，花之夕也；唇檀烘日，媚体藏风，花之喜也；晕酣神
> 敛，烟色迷离，花之愁也；欹枝困槛，如不胜风，花之梦
> 也；嫣然流盼，光华溢目，花之醒也。晓则空庭大厦，昏则
> 曲房奥室，愁则屏气危坐，喜则欢呼调笑，梦则垂帘下帷，
> 醒则分膏理泽，所以悦其性情，时其起居也。

在这里，爱的意义不仅在于自己从所爱者那里得到情感的
满足，更在于还能够细致、周到地体贴对方。实际上，当爱达
到痴恋的程度后，不管爱的是情人，还是子女，都易表现为
溺爱，表现为对所爱者的百般呵护、万般体贴。读上述这段文
字，我们感受到：袁中郎于花，简直可用"捧在手上怕摔了，
含在嘴里怕化了"来形容。花在多情的中国爱花文人心里的位
置，由此可见一斑。

出尘的花草，圆满人生不可或缺

花草本是来自乡村、山野，散发的是浓郁的乡野气息。在

大多数田园诗和描写农村山野的散文、小说中所写到的花草就是最本色、最天然的，这在陶渊明《归园田居》"榆柳荫后檐，桃李罗堂前"、"道狭草木长，夕露沾我衣"，王维《渭川田家》"雉雊麦苗秀，蚕眠桑叶稀"、《田园乐》"桃红复含宿雨，柳绿更带春烟"，储光羲《田家杂兴》"梧桐荫我门，薜荔网我屋"，柳宗元《溪居》"晓耕翻露草，夜榜响溪石"等诗中，都得到了很好的体现。这里出现的花木，唤起读者的便是纯朴自然、充满泥土气息的农村生活印象。中华文明以农业文明为主导，中国文化深深地扎根于农村，绝大多数人生于斯，长于斯，并最终归宿于斯。因此，从农村走出的士子心中最甜蜜的记忆，在都市或者官场困顿的士大夫心底的归依，就是乡村的风物、花草："木欣欣以向荣，泉涓涓而始流"、"园日涉以成趣，门虽设而常关"（陶渊明《归去来兮辞》），"目断淡日平芜，望烟浓树远，微茫如荠"（陆游《双头莲》）。

生长在村落庭园、田间地头的花草，始终与乡间老农为伴，早就渗透着纯朴、简单、充实的生活气息。它们进入文人笔下，便多具有这种色彩："竹喧归浣女，莲动下渔舟"，王维的诗句展现的是活泼、欢快；"蓼汀荻浦江南岸，自入秋来梦几回"，陆游《秋色》中的江南花草记忆，呈现的则是烟水茫茫。

明·文从简《园林景色图》

同样原生态的花草，还存在于山野，在人境之外的寺宇道院。这里的花草，就多了几分静穆、清逸。譬如荷与竹，是乡间墟落常有的，但孟浩然《夏夕南亭怀辛大》"荷风送香气，竹露滴清响"的名句，却显出农家所难有的悠闲、清远。其他如常建《宿王昌龄隐居》"茅亭宿花影，药院滋苔纹"、刘长卿《送灵澈》"苍苍竹林寺，杳杳钟声晚"、韩翃《同题仙游院》"疏松影落空坛静，细草香生小洞幽"、柳宗元《晨诣超师院》"道人庭宇静，苔色连深竹。日出雾露余，青松如膏沐"之类的描写，都莫不令人感受到超逸出尘的世外气息。其中的草木，是高士、隐者、道释生活环境中的主要构成元素，也是他们尘外生活的见证物。当中国文人从污浊的世俗社会偶然进入山野，那里清新、幽静而富有生机的花花草草，仿佛一下就涤除了满身的尘土，使他们至少在内心找回了超越浊世、抗拒物质诱惑的精神源泉。

因此，可以这样说：花草是天地造化给人类最美的赐予，它们是良辰、美景、赏心、乐事这"四美"的代表，是人们最完美、最圆满生活的必要构成元素。

"忽见陌头杨柳色，悔教夫婿觅封侯"（王昌龄《闺怨》）的少妇，因青青杨柳的触动，便悟出了幸福不在功名的道理。而中国文人的文化身份，使他们大多只能生活于喧嚣的都市，为了在"天下熙熙皆为利来，天下攘攘皆为利往"的环境中坚守自己的精神价值，他们需要有"心远地自偏"的修养，更需要有在名利场中别寻绿树芳草的幽雅趣味。在长安繁华、宽阔、笔直的大街上，韩愈以一颗诗人之心，转换一下视角，便发现了早春的信息："天街小雨润如酥，草色遥看近却无。最是一年春好处，绝胜烟柳满皇都。"（《早春呈水部张十八员外》）在皇宫巍峨、富丽的建筑之外，岑参和王维保持了艺术审美之心，因而分别写出了"花迎剑佩星初落，柳拂旌旗露未干"、"銮舆迥出千门柳，阁道回看上苑花"的宫廷唱和名句。就算奔走于绝域遐方，几乎见不到花草，如唐开元时期文人张说，也能借助记忆库中的春花与眼前的大雪叠印，在诗中显出满眼的春意："去岁荆南梅似雪，今年蓟北雪如梅。"（《幽州新岁作》）

对于中国古代文人来说，他们的价值系统有两端，一端落实在事功之上，一端栖心于草木之间，《世说新语》有则故事很能说明这一点。有一次谢安把子弟集聚起来，问他们《毛诗》何句最佳，谢玄立即以《小雅·采薇》"昔我往矣，杨柳依依；今我来思，雨雪霏霏"相答。谢安未作评价，但说自己认为最佳的是《大雅·抑》"訏谟定命，远猷辰告"两句，又说此句更见"雅人深致"。后来王夫之《姜斋诗话》解释谢安推崇的诗句"将大臣经营国事之心曲，写出次第"，因而"与'昔我往矣，杨柳依依；今我来思，雨雪霏霏'同一达情之

宋·李唐《采薇图》局部

妙"。其实，谢安与其侄谢玄之别，是价值取向所带来的气质、个性之别，谢玄更多些诗人气质，而谢安则更有政治家的胸襟。古代中国文人，通常情况下，恰恰必须调和这两种价值取向，既得有"大臣经营国事"的追求，还得有欣赏"杨柳依依"的艺术审美之心。

能调和事功理想和自然心性，就做到了"心远地自偏"。代表着高蹈出尘精神的花草，便无时无处不展现出清新自然之美。刚一入春，人们就可以马上从花草中感受到春意，也感受到新的希望，如谢灵运《登池上楼》的名句"池塘生春草，园柳变鸣禽"、杜审言《和晋陵陆丞早春游望》"云霞出海曙，梅柳渡江春"。而宋代诗人张栻《立春偶成》一诗就写得更明白："律回岁晚冰霜少，春到人间草木知。便觉眼前生意满，东风吹水绿参差。"

等桃李争艳之时，则更可见到一场美的盛宴："院落沉沉晓，花开白雪香。一枝轻带雨，泪湿贵妃妆"（王洙《梨花》）。再到后来，柳絮飘飞、春花渐落，见到的又是别一般风景的上演："细雨湿衣看不见，闲花落地听无声"（刘长卿《赠别严士元》）、"沾衣欲湿杏花雨，吹面不寒杨柳风"（释志南《绝句》）、"春城无处不飞花，寒食东风御柳斜"（韩翃《寒食》）。

大体而言，在中国文化中，花草几乎就是美与艺术化生活，以及超尘脱俗、适性任情人生的符号。这方面的材料非常多，譬如柳如是在跟随钱谦益之后，在西湖边写了一首绝句，道：

垂杨小苑绣帘东，莺阁残枝蝶趁风。
最是西陵寒食路，桃花得气美人中。

诗中，残春的桃花因有美人的感染、映照，竟依然灼灼其华，光艳照人。这历来文人笔下所无的奇笔，立即广为时人击赏。不过，人们不知道柳如是笔下的垂杨残枝和得气桃花，暗含了她与陈子龙曾有过的一段美好往事。据陈寅恪先生考证，这首诗与陈子龙《寒食》三首中的"应有江南寒食路，美人芳草一行归"、"垂杨小院倚花开，铃阁沉沉人未来"正好相呼应。可见，柳如是笔下的垂杨、桃花，不仅仅是眼前景象的实写，更是过去美好爱情、幸福往事的象征。

茂密的花草，历史巨变的陪衬

名花大多贵而娇，需要专业的花工精心培植，一般只见于城市园林和具有特定地理条件的地方，在人迹罕至的一般自然界，是难睹其芳影的。只有那些经济、生活条件好的人家，才能充分享受。普通人往往把它们视同仙界的奇葩瑶草，平常情况下只能隔着豪家名园的围墙、栏杆望一望，没有条件去欣

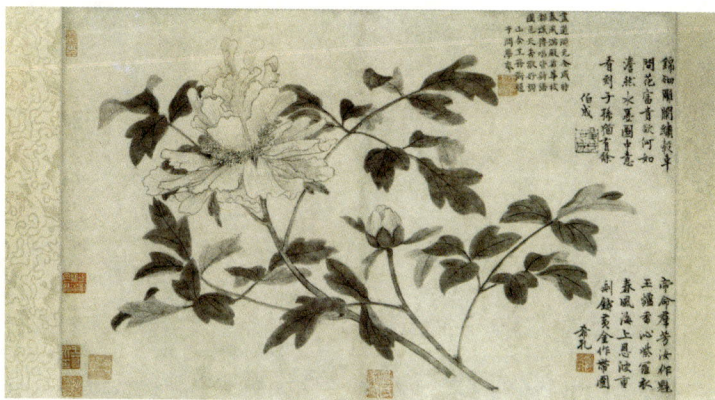

元·王渊《牡丹图》

赏。因此，名贵珍奇的花草，是城市经济繁荣和天下太平的表征，也是都市文化发达和人文兴旺的表征。唐代鼎盛期的开元、天宝以及后来相对稳定的元和年间，也是各大都市名花培植最多、最好的时期。同样，北宋太平时候，洛阳名园众多，洛阳牡丹也极一时之盛。所以，当欧阳修被贬之后，他仍能为自己"曾是洛阳花下客"而自我宽怀。

更多的凡花小草生命力特别强，根本不需人的栽植、料理。一阵风可以把它们的种子带往各处，落在有泥土的地方，就自然生长，如果没有频繁的步履践踏，它就能越长越茂密。这类花草随处可见，从山野到田头，从池畔路边到房前屋后，从墙根地角到竹林松下。人迹愈少的地方，它就长得愈旺。而且，不同湿度、酸碱度的土壤，不同地理位置，不同环境条件，就会有不同种类、不同形态、不同长势的花草。这些互相之间差别很大、从不需要人工干预与管理的花草，一方面在自然界数量最多，与普通人的生活关系最为密切，是人类自然生态最重要的构成元素，另一方面却为人们所忽略和轻视，人们常用"野花"、"小草"、"浮花浪蕊"，稍微好听也不过是"野芳"、"凡花"一类的名称来形容它们。

根据上述介绍很容易推知，当世事巨变，发生天灾人祸之时，名园、宫廷都可能付之一炬，被夷为平地，或者只留下一点颓垣断壁，更不用说那些娇贵的名花了。而要不了多久，荒

杜甫像（元人绘）

芜了的繁华之地，就将蓬蒿满眼。唐代天宝十四载（755），安禄山叛乱，次年攻陷长安，玄宗逃亡入蜀，部分官员来不及跟随，为叛军所俘，诗人王维、杜甫也在被俘之列。杜甫当时尚不出名，没有遭到拘禁，有一定的行动空间，至德二载（757）春天，他看着被乱军焚掠一空的长安城，写下了多首即景抒情、忧时伤乱的诗作，如著名的《春望》开头即是："国破山河在，城春草木深。"意思是说：国破之后的长安，虽然已是春天，但满目所见，只有旧日的山河不变，而一城的草木，则比

清·袁耀《骊山避暑图》，绘唐代华清宫

当年"弱柳青槐拂地垂，佳气红尘暗天起"（卢照邻《长安古意》）的盛世景象还要茂密、繁盛。司马光在《温公续诗话》中分析说：这两句诗字面写山河不变，表达的却是城里被劫掠无余的意思，所描绘的景象是草木生机之旺，暗示的则是城里居民之少、路上行人之无。在另外一首《伤春》中，杜甫又放眼城外，写道："西京疲百战，北阙任群凶。关塞三千里，烟花一万重。"原来，经过长达几年的战争，长安附近早已一片萧条。可是，入春之后，城外的乱草野花却正密密重重，拼命疯长。有一天，杜甫来到长安城南的曲江之畔——长安有名的风景区，只见两岸许多的行宫台榭，如今大门深锁，诗人痛切地写下了《哀江头》一诗，其中有"江头宫殿锁千门，细柳新蒲为谁绿"之句，同样是借草木的勃勃生机来表达荒凉冷落的内心感觉。

乱木、闲花、杂草，是历代咏史、怀古等历史题材作品歌咏的重点。譬如江南佳丽地，在六朝时候，是贵族聚居进行政治、文化活动的场所。隋唐以来，人们在反思六朝政权频繁更替、败亡不断发生、"悲恨相续"（王安石《桂枝香·金陵怀古》）的历史时，都注意到了山水自然与六朝文化的关系。刘禹锡一组《金陵》绝句，便是这类作品中最有代表性的。在《乌衣巷》"朱雀桥边野草花，乌衣巷口夕阳斜"、《台城》"万户千门成野草，只缘一曲《后庭花》"等诗句中，诗人由眼前繁盛的野草闲花，进而追思六朝历史。当年王谢世家的骄奢，陈后主制作《玉树后庭花》时的尽情享乐，都化为了对历史经验教训的忧思，给后世读者以深刻的启示。到了唐末，韦庄《金陵图》中的"江雨霏霏江草齐，六朝如梦鸟空啼"，则是在烟雨迷蒙背景下绘出了一抹齐刷刷的江边碧草，让历史的追思变得梦一般幽眇难凭。

旺盛的花草在历史题材中，有时不是用来说明历史的巨变，而是用来写人的悲苦遭际，用于反衬人凄凉寂寞的心境，典型的有元稹《行宫》："寥落古行宫，宫花寂寞红。白头宫女在，闲坐说玄宗。"诗中的白头宫女面对着火红的花朵，其内心该是如何的寥落难堪。后来杜荀鹤《春宫怨》用"风暖鸟声碎，日高花影重"来描写失宠宫女的凄苦，亦是同一副笔墨。

当然，在名花仙葩和杂草乱木之外，还有常植于街头和庭院的槐树这一类大乔木。它们既不需要人的特别照料，又几乎是年复一年的老样子。于是，在世变之中，人们又有另一般的印象，这里还举安史之乱中的一个故事来说明。在至德元载（756）的一天，安禄山在凝碧池设宴，逼迫俘来的唐宫廷乐工奏乐，乐师雷海清拒绝演奏，大骂安禄山，并面向西方失声恸哭，结果被肢解于试马殿上。被拘禁于菩提寺的王维听到这事后，作诗道："万户伤心生野烟，百官何日更朝天？秋槐叶落深宫里，凝碧池头奏管弦。"诗人用槐树叶落满地的景象以渲染凄凉的情调，达到了感人至深的艺术效果。

清·禹之鼎《西郊寻梅图》

第三章

花木与文学艺术

> 一提起花草树木，人们心中往往很容易泛起一种幽雅的情思，这些植物似乎已成为高雅精致的中国文化的象征。究其缘由，大概是与文人利用它们进行多种多样的文化活动有莫大关系。

花木入丹青

汪曾祺说：中国的松树是按中国画的样子长的。而我们要说：其他花木也是如此。中国文化中的花草树木精致、高雅的风格，与源远流长的中国绘画以花木为重要题材有密切关系。

在山水画、人物画、花鸟画三科中，花鸟画专以花卉蔬果、禽鸟虫鱼作为内容，而山水画、人物画这两科，也大多缺不了花木，可以说，花木是所有绘画中共同的材料。远在新石器时代，我们的先民就把许多美丽的花卉纹样绘制在陶器上。
到汉代，草木的描绘更具表现力。如成都出土的画像砖《弋射
收获》，上图弋射部分，与引弓待发的岸边人物形成动静对比
的，是池塘里几朵将欲凋零的荷花和熟透的莲蓬，以及远处两
株叶落的秋树，使画面生动活泼；下图中的庄稼虽只寥寥几
笔，但与人物的各种形态相配之后，却表达出了收获的主题，
表现力也很强。

晋以后，绘画发展更为迅速。其中江南地区由多砖拼镶的
大型砖画，就有很精彩的作品。如南京西善桥出土的竹林七贤
和荣启期拼镶砖画，每幅四个人物，而用以分割两像的树木，
则是他们生活环境和内在精神的象征。树木写实性很强，构成
的画面非常生动。有"三绝"（画绝、才绝、痴绝）之称的顾
恺之，大有晋宋风流。其《洛神赋图》根据曹植"翩若惊鸿，
婉若游龙，荣耀秋菊，华茂春松"的描写，借助山水环境和
松、菊之物塑造宓妃形象，表现出神秘瑰丽、缠绵悱恻的情

顾恺之《洛神赋图》局部

调。直到唐五代中国画各科全面展开后，花木都是画中的重要表现对象。

当然，中国画早期有很长一段时间以人物为重，花木常常只是作为人物画、社会风俗画中的背景。山水画出现以后，它又作为山水画中的小元素或小点缀而存在。中晚唐尤其是五代以后，花卉画才逐渐独立。其中以画风野逸著称的徐熙，就是一位影响很大的花卉画爱好者，郭若虚指出他"多状汀花野竹，水鸟渊鱼"，刘道醇也说他"必先以其墨定其枝叶蕊萼"，足见他的取材特点。由此而下，从赵昌、易元吉到崔白、吴元瑜的北宋画院变革，花卉渐次成为重点，《宣和画谱》列绘画十门，其中一半是花鸟画的题材。如果说早期花鸟画（包括北宋画院的花鸟画）主要的取材还不是花草树木，而偏重于珍禽异兽的话，那么，自文同、苏轼、米芾等人推动的文人画兴起并进而形成风尚以来，花鸟与山水两科成为中国传统绘画的主流，梅、兰、竹、菊等植物成为最经久的题材，及至明代水墨写意花鸟画突起，芭蕉、荷花、紫藤、葡萄及牡丹、松石等一应花草竹木都登堂入室，早期花鸟画中的奇禽怪兽，反而几乎无人问津了。

为了进一步认识中国花卉画，可拿西方静物画来作对比。西方静物画描绘水果鲜花，外加文具与生活用品等，偏重瓶插带束，突出的是物的结构，强调用几何形体（如正方体、长方体、球体、圆柱体、锥体）的构筑方式来分析静物结构。静物写生非常注重物与物之间的大小比例关系、质感色度对比、位置角度透视等。所以，西方绘画中的静物，需要精确的科学分析，需要几何学、物理学做基础。

中国传统花卉也有强调写生、强调程式化技法的工笔传统。宋代从赵昌"对花写照"、易元吉"多蓄诸水禽，每穴窗伺其动静游息之态，以资笔墨之妙"，到崔白兄弟的画院变革，再到宣和画院，都属写生派，观察细致，描绘谨严。清代绘画中，花卉画"最有特殊光彩"。如恽寿平先画山水，后转而致力于花竹禽虫，其花卉画"简洁精确，赋色明丽，天机物趣，毕集毫端，大家风度，于是乎在。论者比之天仙化人，不食人间烟火，洒超绝古今，为写生正派"（潘天寿《中国绘画史》）。继之而起的蒋廷锡、邹一桂等人，都以写生相标榜，花卉画中写生一派因此蔚为大观。邹一桂撰《小山画谱》，记一百一十五种花草和三十六种洋菊花蕊的形态颜色及其画法，足见其写生之仔细、严谨与功力。

然而，中国传统写生花卉，并不像西方静物写生那样追求光源、明暗和体、面等造型特征，表现的倒是物的神态、形体、质感、动势、节奏、空间等造型因素。往往以线造型，以线的长短、粗细、转折、顿挫、轻重、疾徐、刚柔、强弱、浓淡、光毛等变化，再配合其他技法传达物之神韵。

从根本上看，中国工笔花卉画在严谨、工细中尚简洁、清疏，别求神、情、气、韵、趣、味。如旧传南宋吴炳所绘《出水芙蓉图》，画的是在荷叶映衬下一朵盛开的硕大荷花，其

南宋·李嵩《花篮图》

中，每片莲瓣的形状、角度、色泽和光感都把握得恰到好处，连瓣上的红丝、蕊端腻粉，都一丝不苟，精工细腻，令人叹为神工。就整体而言，布局、设色端庄大方，气韵毕出，荷花"出淤泥而不染，濯清涟而不妖"的君子气度得以微妙地传达。

随着文人画的崛起，"烟云山景"、"枯木竹石"以及四君子等题材，被文人们特别重视，促进了绰号为"墨戏"的纯粹文人画的兴盛，尤其是明代水墨写意的大盛。以花卉写意已

成为风尚，是最富有中国特色的传统。如宋末郑思肖画墨兰，
疏花简叶；入元后，画兰不画土，称之"露根兰"，但却天
真烂漫，一片神韵。譬如藏于日本大阪市立美术馆的《墨兰
图》，用笔刚劲简练，配以自题诗"向来俯首问羲皇，汝是何
人到此乡？未有画前开鼻孔，满天浮动古馨香"，画家的亡国
之痛，孤傲之情，淋漓笔下。晚明徐渭花卉，水墨淋漓，笔酣
墨饱，人称"大写意"。石榴、葡萄，寄托明珠被弃的悲愤；
梅、竹，是他孤崛个性的写照；肥绿芭蕉，则宛若泪水；别人
用来表现富贵的牡丹，又变成了"婆人"（徐渭自称）的贫穷
花。总之，花卉是他宣泄情感的工具。八大山人的花鸟画，是
一种寂寞荒寒的空间意境和白眼向人、孤独冷僻的花鸟造型，
这与他的内心世界融为一体，成为代替他表达内心情感最有力
的语言。他笔下的花鸟，乍看不免为之颤栗，谛玩之后则又能
将其看作与画家一起独立苍茫，悲愤万端。可以这样说，中国
写意花卉画运用的是高度概括、夸张的手法和精到、洗练的笔
墨，表现的是：（一）各种花木韵味独具的特殊姿态和中国性
格；（二）画家本人的理想追求，对宇宙、自然、人生的理
解，以及其思想、性情与遭际；（三）画家的心绪，或者只是
一时的情绪。

综上所述，不管是写生还是写意，中国画都不以形似为目
的，写生务求"以形写神"，写意更是如倪瓒所说："逸笔草

草，不求形似。"然而，一直发展到现代，以花卉画为突出表现形式的中国画，也并未走向印象化或抽象化，而是大多强调在似与不似之间找到最有张力的点。晁说之《和苏翰林题李甲画雁》"画写物外形，要物形不改"的诗句，就是最简洁、精当的说法，而齐白石"不似为欺世，太似则媚俗，贵在似与不似之间"之说，则更是犀利的表达。就花卉画而言，求其"似"，所以，画中的花卉令人觉得熟悉；求其"不似"，所以，画中的花卉才能表现画

清·八大山人《荷花水鸟图》

家的"意"。

换个角度来说，花木在中国画中从最初作为陪衬，不被重视，到晚唐五代以来逐渐被画家钟爱，最后在明清成为很多画家自我的写照与化身，这一过程中，自然的花木经过画家以线、色、墨等方式的加工之后，都转化为姿态万千的艺术形象，成为艺术作品。同样的荷花，在唐人周昉《簪花仕女图》中是作为装饰物，用以表现贵妇的雍容和娇媚；到恽寿平《荷花芦草图》《荷花蜻蜓图》等作品中，是画中的主角，呈现出明艳秀柔的面貌；再看八大山人笔下的荷花，则在清逸中透出孤峭之气。

从自然花草转化为艺术品，起点是画家慧眼独照，在万千的自然物之中恰好选取了这一对象。这一特定的对象，单独进入画家视野，使画家在澄怀观象中，把自身的情感和生命全部集中到对象身上，对象最终从自然界一跃而飞到画笔之下。

从细处观察，画史上常能看到窗子对于画家的意义，如易元吉开凿池沼，栽植与布置乱石丛花、疏篁折苇，同时蓄养不少水禽，然后他"每穴窗伺其动静游息之态"，这个窗子就是易元吉的取景镜头。无独有偶，清代后期的边寿民也是爱在秋月结屋荒洲，从窗中洞观芦雁飞鸣食宿游泳情态的人。宋词也屡屡借助窗影来写景，有名的如汪藻《点绛唇》上片："新月婵娟，夜寒江静山衔斗。起来搔首，梅影横窗瘦。"窗外月下的梅树，被窗扇所取，简直就是镶嵌在墙上的一幅梅影画。姜夔名作《疏影》的末尾设想将来梅落之后，其横斜的枝影映入小窗，出现在眼前的也将如同挂画一般："等恁时，重觅幽香，已入小窗横幅。"注意到这一细处，就能理解为什么中国花卉画很少有"全景式构图"，一般都是折枝画的构图。竹不必从地面画到梢，自文同到郑板桥，所画多只几竿几节，画梅也多是横斜几枝。

自然花草入画后，都显得简约了，画面上所呈现的不过是数枝或一段，然而，它的意义却非常丰富。因为，画家在对自然物进行概括、提炼等加工之时，同时就在赋予它以特别意义。这里的加工，正如张大千与弟子王永年谈话时所说："画花，要当作是舞蹈中的美女，务求婀娜有致。"画家以人度物，以人情理解

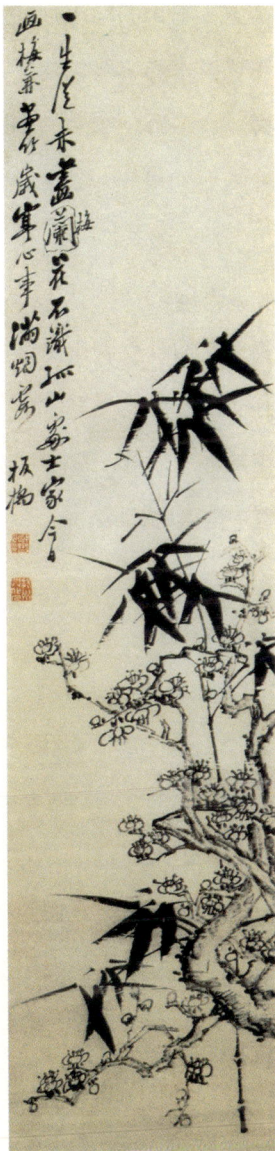

清·郑板桥《梅竹图》

物理，拿人的精神性格去解读物的自然性状。因此，中国人对花草树木的"德性化"理解，也很早就渗透到花卉画中去了。梅、兰、竹、菊和松柏成为花卉画中最热门的题材，它们在画里的面貌既千差万别，又呈现出作为"岁寒三友"和"四君子"形象的共性。

中国的花卉画与中国人心中的花草树木，越来越难分你我，它们都反映出浓郁的中国文化精神。而因为中国花卉画拥有非常广泛的爱好者，久而久之，人们心中、眼里的花卉就是花卉画中的样子。中国花卉画明显地影响、感染、培育、塑造着中国人的性格。

诗词咏草木

中国人心中的花草树木还生长在诗词中。因《诗经》有"桃之夭夭，灼灼其华。之子于归，宜其室家"（《周南·桃夭》），人们记忆中的桃花就总是火红灼灼的颜色及青春少女粉嫩香腮的样子；而到杜甫写"轻薄桃花逐水流"（《漫兴九首》之一）之后，人们再说起桃花，自然就会跳出轻佻、儇薄这几个词。真可谓：成也是诗，败也是诗。

诗词中吟咏草木的现象很普遍。中国第一部诗歌总集《诗经》里就写到很多草木，现代作家雷抒雁撰《〈诗经〉"鸟兽

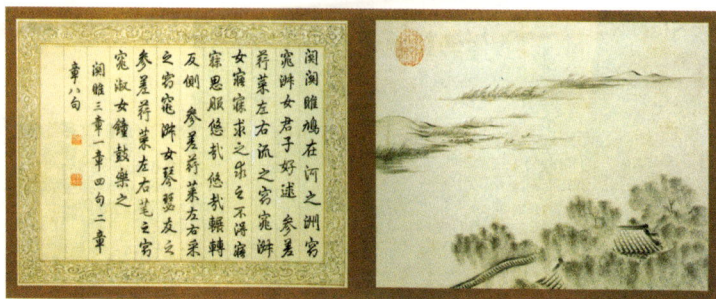

清·乾隆御笔《诗经图》（清写本）

草木之名"析》一文谈自己的阅读观感，道："打开一部《诗经》，十五国风如同一部动植物的百科全书，各类鸟兽鸣叫奔走在诗章之中；各种花木植物摇曳飘动在字里行间。"接着罗列了清单，摘录其中草木部分如下：

　　《关雎》里有……野草"荇菜"；《葛覃》里有……灌木"葛藤"；《卷耳》里有野草"卷耳"；《樛木》里野草"葛藟类"；……《桃夭》里是桃叶、桃实、桃条；《芣苢》里是可以入药的车前草"芣苢"；《汉广》里是叫做"楚"的荆条，叫做"蒌"的芦蒿；……《采蘋》采的是水草"蘋"类；《甘棠》里的"棠"树就是俗言的杜梨；……《摽有梅》写的酸梅果；……《驺虞》写了苗壮的刚发芽的芦苇"葭"和蓬蒿；……《匏有苦叶》里除了味苦的葫芦，还有鸣叫的母鸭鸡和叫声好听的雁鹅；《谷风》里有蔓青萝卜一类的根茎植物，还有荼啊、荠啊这些苦苦甜甜的野菜；
……《墙有茨》里"茨"是"蒺藜"；……《木瓜》中的木
瓜、木桃、木李；《黍离》中的"黍"、"稷"；《中谷有
蓷》被叫做"蓷"的是益母草……

所以，当年孔子教导儿子说：读《诗》可以"多识鸟兽草
木之名"。后来陆玑撰《毛诗草木鸟兽虫鱼疏》一书对其中的
动植物逐一进行解释。然而，《诗经》虽写到了许多动植物，
却并未把它们放在正面描写的位置。《秦风·蒹葭》中的蒹葭
是烘托爱情体验的自然背景，构成一种秋日凄迷的气氛，但诗
人对蒹葭本身并不愿费辞去多作描写。

到了南朝，咏物诗才蔚然大兴，以动植物等为主角的专门
文学作品才正式形成。光写梅花的著名作品就有鲍照《梅花
落》、何逊《咏早梅》和庾信《梅花》等，这几首诗中的梅都
由配角变成了主要歌咏对象。唐代咏物诗很多，如初唐李峤的
咏物诗多达一百二十首，分乾象、坤仪、芳草、嘉树、灵含、
祥兽、居处、服玩、文物、武器、音乐、玉帛十二部，每部十
首，咏草树的为二十首。其他以咏物著名的诗人，前有苏味
道，后有郑谷。宋代此风不衰反盛，历元、明、清而持续发
展，如元代谢宗可流传下来的诗作全为咏物诗，其诗集就名为

《咏物诗》。收集咏物诗的纂著，唐代有《艺文类聚》《初学记》等类书，按物类编纂，内中收录咏物诗很多。至清代前期，张玉书在南宋陈景沂《全芳备祖》基础上，收罗至明代为止各时期的咏物诗，成《佩文斋咏物诗选》，得洋洋五百多卷的篇幅。此后俞琰选编的《咏物诗选》，部帙较小，流传甚广。如今咏物诗词的编选本子也非常多，从国家图书馆的目录中查"咏物"一词，可得到从1981年到2005年间有关咏物诗词的出版著作共达四十种。

许许多多的动植物频频在诗篇中闪现，说明从先秦开始，中国人除了关注自身，还对自然事物有着广泛的兴趣。而咏物的兴盛，更表明至少是精英阶层已能用审美的眼光、悠闲的心态仔细打量周遭的自然物了。自然物的外在属性与内在精神，都在诗人们的一再吟咏下全面展开。以咏牡丹的诗为例，中唐以前数量少，王维《红牡丹》是其中一篇佳作："绿艳闲且静，红衣浅复深。花心愁欲断，春色岂知心。"诗的前两句用画家的敷色本领描绘了一幅非常细致的牡丹图，后两句又以伤感、怜惜的口气提出牡丹不能得到春风披拂、春雨滋润。论艺术本领，此诗不俗，但这里的牡丹还只具有自然审美的意义，尚不具有文化的内涵。至李白《清平调词三首》才开始确立了牡丹花"国色天香"的高贵气质，李白写道：

云想衣裳花想容，春风拂槛露华浓。若非群玉山头见，会向瑶台月下逢。（其一）

一枝红艳露凝香，云雨巫山枉断肠。借问汉宫谁得似，可怜飞燕倚新妆。（其二）

名花倾国两相欢，长得君王带笑看。解释春风无限恨，沉香亭北倚阑干。（其三）

此后，咏牡丹的诗数量急剧猛增，主题多集中在牡丹的高贵精神，其中以刘禹锡的《赏牡丹》影响最大："庭前芍药妖无格，池上芙蕖净少情。惟有牡丹真国色，花开时节动京城。"因了这首诗，牡丹作为唐代文化表征的形象被正式定格。但宋代以降，牡丹在诗词里出现得越来越少。原因大概是牡丹的富贵气使它只成为富贵中人的爱赏，而难以与命途多舛的一般文人精神投合。

梅花在诗词中的地位恰恰与牡丹相反。虽然在六朝就已有人写过梅花，唐代甚至连诗圣杜甫也吟咏过，梅花冰肌玉骨的特征早已得到确认，但要到北宋林逋的《山园小梅》，才正式为梅确立了精神性的形象。林逋"疏影横斜水清浅，暗香浮动月黄昏"的名句，把梅的淡泊、孤高、清逸、雅洁的形象描绘得非常传神，这一形象正好与宋人的精神追求合若符契，所

南宋·杨无咎《四梅图》之一

以，此后不久，梅不仅被接纳为"岁寒三友"和"花中四君子"的成员，而且渐次成为咏物诗词中数量最多的一品。从周邦彦、陈与义、李清照，到陆游、范成大、杨万里、姜夔，中经王冕，到龚鼎孳、蒋廷锡，代代都有翻新出奇的咏梅名作。

柳在诗词中也是非常常见的，《诗经·小雅·采薇》"昔我往矣，杨柳依依"已赋予它与人情感相依的特性，后来的诗人在此基础上不断有所生发。如岑参在《题平阳郡汾桥边柳树》中既生动地刻画了柳树婀娜可爱的风姿，又借以表达了作者留恋故地的心情："此地曾居住，今来宛似归。可怜汾上柳，相见也依依。"周邦彦词《兰陵王》写隋堤上"烟里丝丝

钱谦益像

弄碧"的柳树,"拂水飘绵送行色",表达的是"长亭路,年去岁来,应折柔条过千尺"的送别主题。此外,贺知章《咏柳》:"碧玉妆成一树高,万条垂下绿丝绦。不知细叶谁裁出,二月春风似剪刀。"前半描写一树碧绿、万条婆娑的新柳形象,后半写柳叶精致、美妙的形态,用笔工细,设想奇特,表达了诗人沐浴在春光下,喜爱春柳的感情。明末清初钱谦益《河间城外柳二首》其一中写道:"日炙尘霾辙迹深,马嘶羊触有谁禁?剧怜春雨江潭后,一曲清波半亩阴。"写江边的柳树无人疼爱,日晒尘侵,马拴羊触,表现降清后为众议所非的孤苦之感。其二:"长条垂似发鬖鬖,拂马眠衣总不堪。昨夜月明摇漾处,曾牵归梦到江南。"以奇异的想像,写皎洁的月光下美如长发的柳条,既不能作策马南归的鞭子,又不能当御寒的棉衣,巧妙地表达出急切的思乡盼归之情。再如曾巩的《咏柳》寓托深刻,所咏的是春柳,却不写它的曼妙轻柔，而是对它得意轻狂之态进行讽刺："乱条犹未复初黄，倚得东风势更狂。能把飞花蒙日月，不知人间有清霜。"一般写柳都是春柳，但陆龟蒙却写冬柳："柳汀斜对野人窗，零落衰条傍晓江。正是霜风飘断处，寒鸥惊起一双双。"从静态和动景的对照中写柳被寒风吹折摇落，但无凄怆之感，只觉其自有骨力。高启又有《秋柳》诗："欲挽长条已不堪，都门无复旧毵毵。此时愁杀桓司马，暮雨秋风满汉南。"从柳条干枯零落，不堪攀折，想起桓温的典故：东晋大司马桓温北伐经过金城，见少时所种之柳已有十围，感慨说："昔年种柳，依依汉南。今看摇落，凄怆江潭。树犹如此，人何以堪。"高启借此抒发自己年华已逝、壮志难酬的苦闷。

通过诗词这种国人喜闻乐见的形式，诗人们把自己对各种花木的观感、理解表达出来，其中往往或深或浅地反映出诗人自身的生命状态和精神性格。一般大众在历代诗词名篇的熏陶下，对各种花木的认识、理解，也逐渐趋同于这些名篇。所以，今天要认识中国文化中的花木，一条重要途径就是阅读古代诗词。为此，我们摘录古代诗词中有关菊花、杏花的一些名句，以供读者赏玩：

菊花

屈原《离骚》："朝饮木兰之坠露兮，夕餐秋菊之落英。"

陶渊明《饮酒》："采菊东篱下，悠然见南山。"

陶渊明《饮酒》："秋菊有佳色，裛露掇其英。"

王绩《赠李征君大寿》："涧松寒转直，山菊秋自香。"

孟浩然《过故人庄》："待到重阳日，还来就菊花。"

杜甫《宿赞公房》："雨荒深院菊，霜倒半池莲。"

杜甫《九日杨奉先会白水崔明府》："坐开桑落酒，来把菊花枝。"

皎然《寻陆鸿渐不遇》："近种篱边菊，秋来未着花。"

元稹《菊花》："不是花中偏爱菊，此花开尽更无花。"

赵嘏《长安晚秋》："紫艳半开篱菊静，红衣落尽渚莲愁。"

杜牧《九日齐山登高》："尘世难逢开口笑，菊花须插满头归。"

黄巢《题菊花》："他年我若为青帝，报与桃花一处开。"

苏轼《赠刘景文》："荷尽已无擎雨盖，菊残犹有傲霜枝。"

苏轼《南乡子》："万事到头都是梦，休休，明日黄花蝶也愁。"

晏几道《阮郎归》："兰佩紫，菊簪黄，殷勤理旧狂。"

李清照《醉花阴》："东篱把酒黄昏后，有暗香盈袖。"

吕渭老《一落索》："秋风有意染黄花，下几点凄凉雨。"

贺铸《九日登戏马台》："黄花半老清霜后，白鸟孤飞落照前。"

刘克庄《贺新郎·九日》："若对黄花孤负酒，怕黄花、也笑人岑寂。"

郑思肖《寒菊》："宁可枝头抱香死，何曾吹落北风中。"

杨显之《临江驿潇湘秋雨杂剧》："黄花金兽眼，

清·闵贞《盆菊图》

红叶火龙鳞。"

　　许廷镣《白菊》："素心常耐冷，晚节本无瑕。"

　　张羽《题陶处士像》："篱下黄花门外柳，风光不似义
熙前。"

杏花

　　王维《春中田园作》："屋上春鸠鸣，村边杏花白。"

　　储光羲《田家即事》："蒲叶日已长，杏花日以滋。"

　　白居易《南湖早春》："乱点碎红山杏发，平铺新绿水
蘋生。"

　　杜牧《杏园》："莫怪杏园憔悴去，满城多少插花
人。"

　　李商隐《日日》："日日春光斗日光，山城斜路杏花
香。"

　　温庭筠《经李征君故居》（又作王建诗）："知有杏园
无路入，马前惆怅满枝红。"

　　温庭筠《菩萨蛮》："雨后却斜阳，杏花零落香。"

　　冯延巳《鹊踏枝》："满眼游丝兼落絮。红杏开时，一
霎清明雨。"

宋祁《玉楼春》："绿杨烟外晓寒轻，红杏枝头春意闹。"

晏殊《临江仙》："吹梅蕊闹，雨红杏花香。"

欧阳修《玉楼春》："杏花红处青山缺，山畔行人山下歇。"

苏轼《蝶恋花》："杏子梢头香蕾破，淡红褪白胭脂涴。"

晏几道《木兰花》："墙头丹杏雨馀花，门外绿杨风后絮。"

周邦彦《浣溪沙慢》："嫩英翠幄，红杏交榴火。"

曹组《小重山》："疏疏晴雨弄斜阳，凭栏久，墙外杏花香。"

叶绍翁《游园不值》："春色满园关不住，一枝红杏出墙来。"

张良臣《偶题》："一段好春藏不住，粉墙斜露杏花梢。"

陈与义《临江仙》："杏花疏影里，吹笛到天明。"

陆游《临安春雨初霁》："小楼一夜听春雨，深巷明朝卖杏花。"

范成大《秦楼月》："东厢月，一天风露，杏花如雪。"

史达祖《玉簟凉》："芳信准，更敢寻红杏西厢。"

释志南《绝句》："沾衣欲湿杏花雨，吹面不寒杨柳风。"

刘彤《临江仙》："满阶芳草绿，一片杏花香。"

高明《暮春即事》："重帘深处无风雨，肯信春寒瘦杏花。"

插花艺术

中国人对自然花草的喜爱，使他们不仅到自然界中观赏，还在庭院中栽植。有条件的人往往修建富有浓郁自然气息的园林，自然花草便也来到人们身边，进入了日常生活的范围。再进一步，人们甚至还把花木移入室内，安插于瓷瓶，陈设于几案，以方便欣赏。说到插花艺术，很容易让人想起《红楼梦》，因为此书多处涉及到插花，其中写得最详尽的是第五十回。此回写湘云、黛玉、宝琴等人在芦雪庵联句，宝玉因表现最落后，被李纨所罚。小说写道：

李纨笑道："……今日必罚你。我才看见栊翠庵的红梅有趣，我要折一枝来插瓶，可厌妙玉为人，我不理他。如今

清·费丹旭《红楼十二钗》之"李纨"，绘其坐看梅花

罚你去取一枝来。"众人都道这罚的又雅又有趣，宝玉也乐
为，答应着就要走。……一面命丫鬟将一个美女耸肩瓶拿
来，贮了水准备插梅。……只见宝玉笑欣欣擎了一枝红梅进
来，众丫鬟忙已接过，插在瓶内，众人都过来赏玩……一面
说，一面大家看梅花。原来这一枝梅花只有二尺来高，旁有
一枝纵横而出，约有二三尺长，其间小枝分歧，或如蟠螭，
或如僵蚓，或孤削如笔，或密聚如林，真乃花吐胭脂、香欺
兰蕙，各各称赏。

插花就是把截自植物上的花枝、叶片等经过必要的处理后，插入瓷瓶、陶钵之类的容器进行装饰与陈设，这是一种造型艺术，因此，一般称之为"插花艺术"。插花艺术在中国源远流长，随着人们生活条件、居住条件的改善，在市场化环境中，中国插花如今又加入了商业元素，并接受了西方插花风尚的影响，扩大了内涵与外延。现在的中国插花，可分为艺术插花与生活插花两类：前者更多地保留了传统插花作为艺术创作的特点；后者则日益大众化、生活化、实用化，服饰花、手捧花以及各种花环、花篮等形式都被纳入插花产品的范畴，插花正成为普通大众用以装点和美化生活的日用消费品。

插花先得折花。还是在先秦时期，文献中就有采集花草植物的记载与歌咏。《诗经》《楚辞》中这类篇章很多，花草或

明·朱朗《芝仙祝寿图》，图中绘假山、兰花，又有灵芝、兰草共生盆景中

者作食用，或者作药用，还有用来佩戴的，甚至也有作为礼物
用以传情达意的。作佩戴用的，多见于《楚辞》，如《离骚》
中"扈江离与辟芷兮，纫秋兰以为佩"，这可能是服饰花的最
早文献记载。这里说到的佩饰物是三种芳香植物，即江离（即
蘼芜）、白芷和秋兰；所说的佩戴方法有两种，一是直接披在
身上（"扈"），二是对采集的香草加以编结处理后再佩戴。
用来传递情意的，最为生动的一例要算《诗经·郑风·溱洧》
了，诗的前两节说：

　　溱与洧，方涣涣兮。士与女，方秉蕑兮。女曰："观
乎？"士曰："既且。"
　　"且往观乎？洧之外，洵訏且乐。"维士与女，伊其相
谑，赠之以勺药。

　　这是一首既有叙述，又有男女情侣对歌的诗。诗中的
男主人公，刚从溱、洧之间回来，手里还执着芳香的兰草
（"蕑"，是芳香性的菊科植物，今名"泽兰"，不同于后世
的兰花）。这时，遇见一位女子，女子热情地发出邀请："我
们一起去看看吧？"男子回答："我刚去了。"女方再次说：
"再陪我去看看如何？那儿一定非常快乐。"下面便是这对青
年男女笑乐的欢快情景：他们从野地里折下芍药花枝，互相馈

赠。折花赠人，具有传递情意的意义。

刘向《说苑》记载有外交场合折梅为礼的故事：战国时越国大夫诸发，出使到梁国，手执一枝梅花馈赠梁王。后来，南朝陆凯《赠范晔诗》："折梅逢驿使，寄与陇头人。江南无所有，聊赠一枝春。"用了上述《说苑》中的典故。这里，正在江南的陆凯，在山中折了一枝梅花，并附上这首诗，一起寄给远在长安的友人范晔，表达出对友人的思念及深挚的情谊。从当面赠花到折花寄远，从单独赠花到同时寄诗，折枝花的表达功能得到了提升，其审美意蕴也变得更深远了。

采折花草用来装点居住环境，就是插花的形式。插花的真正起始，是否可以推到远古，还有争议，但汉代肯定已有了既讲究花材造型又使用了花器的插花。考古资料显示，在河北望都东汉墓道壁画中，就绘有一陶质圆盆，盆内均匀地立着一排六枝小花。新疆民丰县尼雅遗址东汉墓中发现的刺绣花边上，有郁金香插在容器中的图案，也说明当时肯定已出现了插花。而在诗中描写插花，则有自梁朝进入西魏和北周的诗人庾信，他在《杏花》诗中写道：

春色方盈野，枝枝绽翠英。
依稀映村坞，烂熳开山城。

好折待宾客，金盘衬红琼。

　　他所写的就是典型的插花：容器是金色的铜盘，花材是嫩红的杏花，构成的插花，就是一件鲜艳夺目，充满热烈待客气氛的艺术作品。这说明六朝时期，一方面随着佛教的迅速发展，从具有宗教意义的佛前供花里，已发展出了文人插花；另一方面，随着魏晋审美意识的飞跃提升，插花也正朝着艺术化的方向发展。

　　有大量证据显示，进入唐代以后，折花赠人，仍然非常流行，而寺观插花、宫廷插花、民间插花和文人插花等多种类型的插花也都同时发展起来，这都在唐诗中有生动的反映。其中，折柳送别在这时蔚为风尚，不仅形诸诗章，而且谱入歌曲，因此李白《春夜洛城闻笛》便有"谁家玉笛暗飞声，散入春风满洛城。此夜曲中闻折柳，何人不起故园情"的动人诗句。折花的例子也非常多，如元稹《折枝花赠行》："樱桃花下送君时，一寸春心逐折枝。别后相思最多处，千株万片绕林垂。"诗人说：送了一程又一程，来到樱桃花下时，诗人折花相赠，他感到仿佛心已追随折下的花枝伴着友人远去了。友人从视线中消失之后，他突然感觉自己的相思如同林中枝头低垂的千万朵花。借助折花，诗人把离情抒发得格外深挚动人。

关于插花的诗篇也大量存在，如元稹《西明寺牡丹》就是名篇："花向琉璃地上生，光风炫转紫云英。自从天女盘中见，直至今朝眼更明。"写的是，寺院中栽植的牡丹迎风耀目，盘上所插也艳丽非凡，一直留在诗人记忆之中。

唐以后，插花艺术发展更为迅速。这其中有两个原因：

首先，随着城市经济的发展，市民阶层的崛起，大众消费文化需求的日益丰富，植花、养花、赏花拥有越来越广泛的群众基础，苏轼、叶梦得、张邦基等人曾记录过宋人的"万花会"。张邦基《墨庄漫录》记洛阳牡丹盛放之时，太守做万花会的情景说："宴席之所，以花为屏障。至梁、栋、柱、拱，悉以竹筒储水，簪花钉挂，举目皆花也。"可见，这次万花会以插花盛况最为壮观。

其次，文人插花对写意性的追求，有赖于宋明理学中心性哲学的深刻影响。从唐代中后期以来，在佛教、道教的刺激下，为了迎应各方面的挑战，儒家学说进入了新的发展阶段，逐渐形成注重心性修养，追求高格逸调的精神特征。在这一思想文化的熏陶下，文人的精神生活得到全面展开。在文化活动的琴、棋、书、画这"四艺"外，又形成了"生活四艺"，即挂画、插花、焚香、点茶，插花已成为文人日常生活的重要内容。翻览历代文学作品，可以发现宋人以"瓶花"、"瓶中

清·郎世宁《午瑞图》

梅"之类命题的篇章数量多得惊人。范成大《春来风雨，无一日好晴，因赋瓶花二绝》一诗非常著名："满插瓶花罢出游，莫将攀折为花愁。不知烛照香熏看，何似风吹雨打休？"赵元任因为喜爱此诗，曾根据常州人吟诗的调子在《新诗歌集》中记下它的谱子。晁公溯《咏铜瓶中梅》："折得寒香日暮归，铜瓶添水养横枝。书窗一夜月初满，却似小溪清浅时。"读来也别有意趣，令人仿佛跟随诗人步入了他融自然美、书卷气为一的书斋，领略了插花艺术的意境。进一步翻阅，还可发现很多插花艺术的重要资料，如陆佃诗"净瓶中养月余香"，曾几《瓶中梅》"神情萧散林下气，玉雪清莹闺中姿"，刘辰翁《浣溪沙》词"睡起有情和画卷，燕归无语傍人斜。晚风吹落小瓶花"等句中，反映的就是文人插花追求的清逸淡雅；而张耒"疏梅插书瓶，洁白滋媚好。微香悠然起，鼻观默自了"、韩淲"沉沉听雨坐，瓶花养香梅。鼻观得此供，息定本气回"，则反映了欣赏插花需要的静观默会的心境，时人称插花为"瓶供"或"清供"，实在是最确切地说明了文人插花艺术的精义。

文人赏花而偏爱瓶插，是因为在瓶插中，文人作为创造主体的这一作用得到强化。大自然纷繁复杂的花草树木，经过他们别具匠心的择取、修剪、养育、装饰，便可构成一个超然独立的艺术世界。沈复《浮生六记·闲情记趣》中记其精于"剪

枝养节之法"后，又在"每年篱东菊绽"之时，摘来插瓶。他
的做法是：花取一种不取二色，瓶则取口阔大的，或五朵、七
朵，或至三四十朵，从瓶口
处看，追求"一丛怒起"的
效果。整体造型，则"或亭
亭玉立，或飞舞横斜"，韵
致别出。关于木本花果的插
瓶，他记录的经验包括三个
步骤：首先，把待用的枝干
执在手中仔细观看，研究如
何体现其横斜的动势，正反
倾侧的风韵。其次，把握好
了，再剪去杂枝，修剪追求
"疏瘦古怪"的气韵。其
三，对剪去杂枝后的素材，
还要进行下一步的处理。要
考虑梗如何入瓶，并对素材
进行必要的"或折或曲"处
理，以免插入瓶口后有"花
侧叶背"的毛病。在沈复看
来，善于插花者一定得有

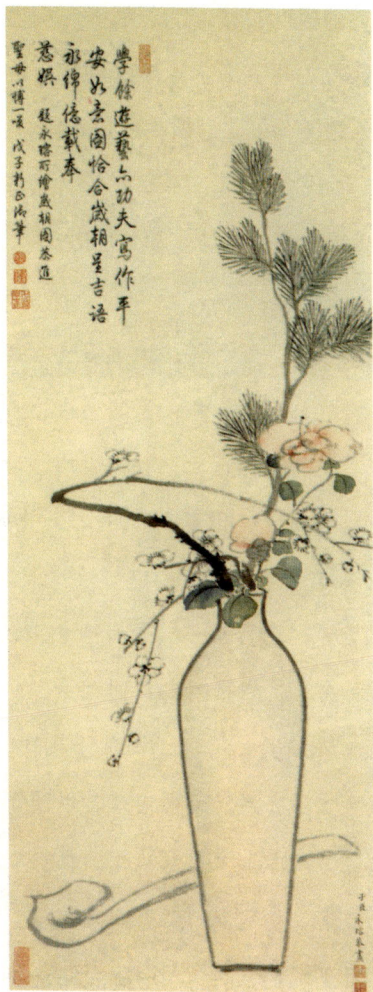

清·永瑢《平安如意图》

一定绘画素养，还得是园艺行家，到这样的人手里，瓶插才能像苏（轼）辛（弃疾）填词一样，无物不可入，无意不可写，"即枫叶竹枝，乱草荆棘，均堪入选。或绿竹一竿，配以枸杞数粒；几茎细草，伴以荆棘两枝"，都能"位置得宜，另有世外之趣"。这是插花出神入化的境界。

说到这里，不妨拿清人李渔所做"梅窗"来印证。李渔《闲情偶记·居室部》记道：

己酉之夏，骤涨滔天，久而不涸，斋头淹死榴、橙各一株，伐而为薪，因其坚也，刀斧难入，卧于阶除者累日。予见其枝柯盘曲，有似古梅，而老干又具盘错之势，似可取而为器者，因筹所以用之。是时栖云谷中幽而不明，正思辟牖，乃幡然曰："道在是矣！"遂语工师，取老干之近直者，顺其本来，不加斧凿，为窗之上下两旁，是窗之外廓具矣。再取枝柯之一面盘曲、一面稍平者，分作梅树两株，一从上生而倒垂，一从下生而仰接，其稍平之一面则略施斧斤，去其皮节而向外，以便糊纸；其盘曲之一面，则匪特尽全其天，不稍戕斫，并疏枝细梗而留之。既成之后，剪彩作花，分红梅、绿萼二种，缀于疏枝细梗之上，俨然活梅之初着花者。同人见之，无不叫绝。

李渔这一神来之笔的创造，为中国插花艺术史增添了一则
非常生动的材料。李渔的"梅窗"与常见的插花不同处，在于
它看上去没有花器，只有花材，但实际上它当然是用居室和墙
体来作花器的大型插花作品。在插花艺术中，如何用材，如何
取势，如何表现生趣与幽韵，这都是极佳的示范。

陶瓷艺术与自然花卉

陶瓷是中华民族的伟大创造，是中国文化的象征。到了后
工业时代的今天，陶瓷仍然是我们常见常用的器物。现代陶瓷
并不都具有艺术美，有些建筑陶瓷和日用瓷器，往往只有实用
价值。即使如此，美和韵味，仍然是当今陶瓷界的追求。而在
中国传统陶瓷中，艺术美和文化蕴涵则更是它的精神所在。

首先，陶瓷的创造源于实用的需要。烹煮兼储存食物的需
求，催生了陶瓷的发明和烧造。但在满足实用需要的同时，人
们又很早就把它当作一种美的表现形式，在造型、装饰等方面
越来越自觉地追求美和艺术的效果。陶瓷实践日益成为土与火
的艺术活动，实用价值与艺术功能的完美统一是陶瓷制品的基
本追求。

其次，陶瓷艺术是综合性的造型艺术，从配料、成型、装

陶瓷生产过程之——琢器修模（清人绘）

饰到高温焙烧，每一个环节都得有科学的态度，受到工艺技术的严格限制，因此，陶瓷艺术乃是科学与艺术的联袂呈现。

再次，制陶不是单打一的工作，它往往是作坊式的群体作业，创造主体是工匠。陶瓷艺术是一种工艺美术，是民间艺人的创造。

从整体印象上看，虽然瓷器艺术有时代之异、派系之别，却共同表现出如诗如画的韵味。那些上好的中国瓷器，几乎都是既精工巧妙，又玲珑剔透、清新喜人，通体透出一股生气、秀气、逸气。这些瓷器，表现的是宁静安详的美、含蓄隽永的美，但是在静穆与含蓄中又充溢着淋漓的生趣。这一特征具体说来，既体现在造型也表现在装饰上。正如陶瓷艺术家杨永善先生所一再强调的那样，中国传统瓷器造型方法的特点是"象形取意"。各种器形的造型样式，基本都是以自然原型或其他器物造型为基础，进行必要的概括、抽象与变形而成的。有的是直接模仿自然原型，再现原型的原貌，以小孩或动物类原型为多，常见的如孩儿枕、双鱼壶、鸡首壶、羊首壶、龙首壶、凤首瓶、鸡腿瓶等；植物原型的稍少，如莲瓣壶、莲花尊、石榴尊、葫芦瓶、菊瓣瓶、荷叶形枕等。这类器物在模仿中也追求传神，表现情趣，但艺术表现还较为简单。另一种则不再直接依照原型作形态上的模仿，而是或

北宋·钧窑玫瑰紫海棠式宽沿盆

93

明·釉里红花卉纹石榴尊

者仅仅抓住原型的某项属性，或者着眼于原型的整体风格、情调、意味，大胆进行概括、抽象、夸张和变形，使造型与原型在似与不似之间。这种造型方法较多使用植物作原型，从中表现出浓厚的自然情调和诗意美。

举例来说，明代的石榴尊整体造型上与石榴果比较相似，而清代雍正年间的石榴尊，口部为外撇五瓣式花口，腹部为球形造型，虽与原型有一定的落差，但却明显更具韵味。清代流行的橄榄瓶，器形特点是鼓腹，口足内敛。就整体造型来看，与自然的橄榄实在难以相提并论，但若注意从口部到腹部再到足部的轮廓线，又不难发现其优美柔和的曲线，这正是橄榄枝曲线的艺术化，其形象甚至比原物更亲切可爱。梅瓶和柳叶瓶，在造型上就更让外行目瞪口呆了：梅瓶小口、短颈、宽肩、收腹、敛足，初看除了口小似乎与梅花"小而疏"有关联，整体上真不知如何与梅联系。然而若观看它整体，瓶形修长，形体气势高耸，轮廓分明而刚健挺拔，则似可领悟到：梅瓶的造型体现了梅的精神气质。柳叶瓶造型特点为侈口、细颈、溜肩，敛腹修长，卧足。若从形似的角度看，很难发现它与柳叶的相似性，而有人却发现其造型很像悬垂的柳叶。我们若再注意这一器形柔和婉约的轮廓曲线、娟秀多姿的造型风格，很自然就会联想起微风吹拂下的柳叶形象。总之，匠师通过对自然原型的艺术加工，在造型上形成了更加深远的意趣，传统瓷器造型上的诗意美由此可见一斑。

瓷器多在内外壁上绘有图案作装饰。瓷制品多属于民间性的艺术，它的装饰图案主要取自于人物、动物和民间故事，山水和花卉占的比重要小一些。另外，在瓷器上画图，由

明·青花孔雀牡丹纹梅瓶

于受材质、刻绘手段、复杂工序等的限制，比在纸上、绢上作图难度要大得多。两宋以前，在细微处显示美的植物，较少用在瓷器图案中。

最早被瓷器绘手所熟练掌握的植物图案是莲花纹样。南北朝时期，莲花就因佛教的盛行，而成为当时陶瓷器的流行纹饰。这时的莲花图案端庄典重，佛教意味浓郁。唐代长沙窑的莲花图，风格趋于写实，其中绝大多数为褐绿彩绘莲花图，一花两叶，亭亭玉立于水面，花似含苞待放，叶如凝露临风，画面生气盎然，透出淡雅清新的气息。到了宋代，莲纹图案的佛教意味已基本扫除，当时定窑、耀州窑、磁州窑、景德镇窑、龙泉窑、吉州窑等，分别用刻划、模印、彩绘等手法，以串枝、缠枝、折枝等多种形式在器壁与内底上作莲图，这些图案使瓷器显出清雅脱俗的风貌。从发展的趋势来看，瓷器上的莲纹在日益突出写实性的同时，又表现出很明显的图案化趋势。缠枝、串枝莲之类的图案，既客观呈现了莲花、莲塘的生活实感，又对自然的莲花、莲叶进行了大胆的形式化处理，使之更具有装饰简化的特征。在这方面，耀州窑更创造了用锦带把莲花、花实、花叶扎在一起，组成"一把莲"、"二把莲"的图案，使清新淡雅的莲花焕发出别致有趣的光彩，是对写实化作图很有意思的超越。此后，莲花仍有图案化、纹样化一路，特别是在瓶、罐、壶等器物的腹部、肩部常能见到饰有形式化的莲瓣及莲叶纹，具有浓厚的民间装饰图案风格，成为一种模式。宋代以后，瓷器上的莲花纹样则呈现出从简单写实到工笔细描，从写实到写意的两种走向。在元代以后的青花瓷器上，绘手用含钴的颜料在白地瓷胎上绘图，其感觉与画家在纸绢上用笔墨作图已很接近了。元明清时期青花器上的莲花，很容易让人感觉到浓浓的水墨写意画韵味。清代的五彩、粉彩瓷由于受恽寿平、邹一桂等画风的影响，瓷器上的莲花图也明显地表现出工笔写实的特征。

从瓷器莲花图案的发展中，可以很明显地看到：中唐以来，随着城市经济的发展，文化的逐渐下移和普及，精英文化与世俗文化不断互动，陶瓷艺术这种民间性造型艺术形式，明显表现出精致化的趋势。与之相关的是，瓷器装饰图案中，山水、植物占的比重越来越大。植物图案逐渐从莲

南朝·青瓷莲花盘口瓶

花扩展到牡丹、"三友"、"四君子"以及月季、山茶花、海棠、芭蕉、灵芝、牵牛花、西番莲、葡萄、瓜果等。这当中，"三友"、"四君子"图案宋代便已出现，到明清以后逐渐广泛，西番莲、葡萄、西瓜等异域图案自元代以后大量出现，这些都与文人绘画中的情形与节奏略有不同。

而差别更大的应是牡丹了。如前所示，诗词、绘画中写牡丹，自宋以来就明显少于"三友"、"四君子"等题材，然而，在瓷器中却不是如此，牡丹是莲花之外瓷器图案中的第二大植物题材。从存世的宋代定窑、磁州窑、耀州窑瓷器作品中，能够很明显地看到这点。定窑瓷器上常见牡丹一枝独秀，耀州窑多是两花相对，磁州窑则有三朵随云纹迤逦排列的。元明清时期，牡丹图案仍然久盛不衰，而且大多绘制在器物的主要部位，成为瓷器的主要装饰。如元青花器上大都绘有仰俯有致、枝繁花硕的串枝牡丹。而明青花瓶、盘上，则往往可见折枝牡丹和缠枝牡丹纹，图案精致，装饰效果明显。另外，明代还流行把牡丹与莲、菊等组配成四季花图案，或者在园景图案中配以牡丹，如明嘉靖酱釉描金孔雀牡丹纹执壶，腹部桃形开光中贴有金描画孔雀牡丹纹，尤显富贵华丽。清代官窑彩瓷中，多有工笔重彩的牡丹图，用写实手法，着力表现牡丹的国色天香、雍容华贵，有的还配上诗句，强化其高贵而清雅的气韵。

与文人诗词、绘画相比，陶瓷艺术向下要表现民间趣味，而牡丹是富贵吉祥的象征；向上要体现权贵气

清康熙·黄地珐琅彩牡丹纹碗

派，作为"花中之王"、享有"国色天香"盛誉的牡丹又被视为繁荣昌盛、泱泱大度的象征。因此，牡丹花长期被瓷艺绘手所重视也就势在必然了。

清·居廉《富贵白头图》

【第四章】
花木与民间习俗

花木因文人而具有深厚的文化内涵，又因渗透到了民俗中，才具有持久的魅力。如今，花木文化在现代化潮流的冲击下，已保存不多。因而，整理挖掘过去存在于民俗中富有趣味的内容，对照当今仍然保留的一些花木民俗，是很有价值的事。

司花之神

关于司花之神，历来众说纷纭，几乎每个民族、每个地方都有着不同的回答。古代希腊罗马人将玫瑰比作花中皇后，而倾国倾城的牡丹却成了唐人乃至当今中国人眼里的国花。相传佛教中有总领百花的花神迦叶，道家又有关于杜鹃的司花女神。《红楼梦》中的神瑛侍者在精心浇灌绛珠仙草的过程中，

101

其所充当的实际正是古人观念中的花神、今人眼里的护花使者的角色。

中国最早记载的花神，大约是《淮南子·天文训》中所写到的女夷。女夷专管春播夏种秋收，当然也包括花草树木的生长，所以很自然受到人们的尊敬和爱戴，后世因此奉之为司花之神。

传说晋代有个女子名华存，人称魏夫人，自幼好道慕仙，后托剑化形而去，被封为南岳夫人。她有个女弟子花姑，是种花能手。于是后人把花姑奉为花神，魏夫人奉为花神之首。俞樾《曲园杂纂》中，就列魏夫人"为总领群花之神，万紫千红归其统摄"。

另据中国野史逸闻记载，唐武则天临朝时，改号"大

武则天像

102

周", 朝野哗然, 臣民议论纷纷, 人心不服。而武则天原为天界的"司花之神", 受天命下凡助唐, 不想高宗无能, 故亲自执政。为向群臣显示雌威, 她下令百花一夜之间齐放, 旨曰: "明朝游上苑, 火急报春知。花须连夜发, 莫待晓风催。""司花之神"的懿旨, 百花当然不敢违抗。翌日清晨, 上林苑中百花齐放, 世人无不叹服, 从此确立了一代女皇的统治地位。但武则天察觉独牡丹不开, 凤颜大怒, 遂下令全城搜尽牡丹, 连根拔起, 一株不留迁往洛阳。唐时的洛阳并非繁华之邑, 乃朝臣贬官多迁之地, 然其独特的地理环境却成就了洛阳牡丹从此独有的盛况。宋代欧阳修在《戏答元珍》中写道"曾是洛阳花下客", 充分表达了自己对洛阳牡丹的欣赏与喜爱。

历史传说与神话故事中的司花之神往往都是这样被人格化了的神, 他们有人的思想、人的喜怒哀乐, 通身包裹着人的气息, 甚至就是以"前世今生"的方式降临在人间的神, 故而显得生动、形象。其实, 现实中亦不乏这样的人, 他们爱花惜花, 把自己的全部感情与精力都溶注在了对花、对自然草木的呵护与赞美之中, 追求个体精神与自然生命的融而为一, 他们是魏晋风流的代表, 是唯美主义的诗人骚客, 更是人世间真正意义上的花神。

南朝梁时的何逊出了名地恋梅。他在扬州任职时, 经常在房舍旁的一株梅花下吟咏，后来迁居洛阳仍然思念此梅，就毅然选择重返故地，见盛开的梅花而流连彷徨不去，并深情写下《扬州法曹梅花盛开》一诗：

> 兔园标物序，惊时最是梅。衔霜当路发，映雪拟寒开。枝横却月观，花绕凌风台。朝洒长门泣，夕驻临邛杯。应知早飘落，故逐上春来。

这首诗写得非常出色，使不太为人关注的梅花，不单走进了文人士大夫的生活视野，而且影响所及，还使全社会都对梅花喜好起来。何逊于梅确实功不可没，因此，他被人看作"梅花之神"不是偶然的。南宋诗人赵蕃在《梅花六首》中说："梅从何逊骤知名，句入林逋价转增。"其中的林逋是北宋前期一位酷爱梅花的隐士，人称林和靖先生。他一生没有做官，无妻无子，独居在杭州西湖边的孤山，终生与梅花、仙鹤为伴，戏称"梅妻鹤子"。司马光《温公续诗话》载："（林逋处士）有诗名，人称其梅花诗云：'疏影横斜水清浅，暗香浮动月黄昏'，曲尽梅之体态。"林逋的《山园小梅》一诗，尤其是其中"疏影"两句，以梅品寄寓幽逸之趣，奠定梅在中国文化中的"君子"品位，于梅而言，其功不逊于何逊，故后人也常视他为梅神。

被称为"千古隐逸诗人之宗"的陶渊明也是个爱花如痴之人，他不仅躬耕田园，而且亲手植菊，开品菊赏菊之风。他的很多诗篇，特别是"采菊东篱下，悠然见南山"之句，更是以其清逸潇洒、超尘脱

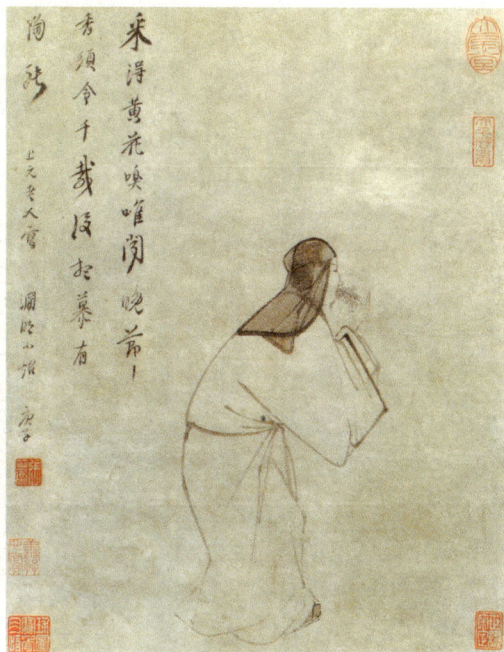

明·张风《渊明嗅菊图》

俗的意境而成为千古咏菊之最。受他影响，此后的历代文人，进而遍及一般百姓，都于重阳日赏菊、饮菊花酒，乃至成为风俗。陶渊明作为"菊花之神"的地位确乎不可拔。

屈原在《离骚》《九歌》等中对兰颇多赞誉，并以佩兰、植兰等方式来寄托高远心志，从而确立了兰的高贵品格。在兰花成为"四君子"之一后，人们即奉屈原为兰花之神。

"诗仙"李白曾倾倒于牡丹，纵情写下了《清平调》三章，"云想衣裳花想容"、"一枝红艳露凝香"、"名花倾国

清·张若霭《屈子行吟图》

两相欢"，一时脍炙人口，牡丹由是声名大显，后来逐渐享得
"花王"美誉。李白也就自然成了众人眼里的"牡丹花神"。

　　"坡仙"苏轼爱花，最有名的故事是他为黄梅更名腊梅。
其实，他对好些花都缱绻情深，如他痴心于海棠，有"只恐夜
深花睡去，故烧高烛照红妆"的名句，为后人所倾倒。由此看
来，苏轼应该不止于一个"腊梅花神"的吧？

　　总的来说，爱花的人们，尤其是那些风流文人，因了与花
有关的诗句，或者其他恋花、护花的故事，后来在民间的视野
中都逐渐转变成了司花之神。随着花文化的层累积淀，花神

的数量也在不断增加，到清代，花神开始进入系统化的阶段，出现了"十二花神图"。十二花神分别为人间的十二个与花结缘之人，配以一年十二月，每月一人，由此刻印成凡人升仙组图。

"十二花神图"有许多不同版本，晚清的吴友如《十二花神图》所列十二月花神为：一月梅花神，柳梦梅；二月杏花神，杨玉环；三月桃花神，杨延昭；四月蔷薇神，张丽华；五月石榴花神，钟馗；六月荷花神，西施；七月凤仙花神，石崇；八月桔花神，绿珠；九月菊花神，陶渊明；十月芙蓉花神，谢素秋；十一月山茶花神，白居易；十二月腊梅花神，老令婆。

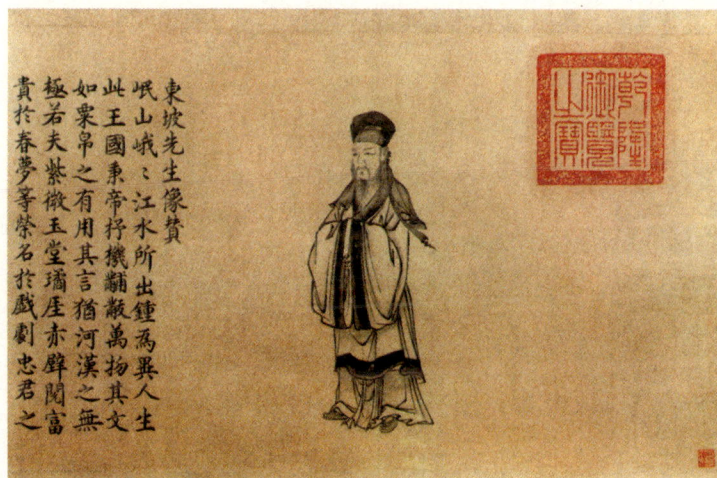

苏轼像（明人绘）

俞樾《春在堂全书·曲园杂纂》则分男、女花神，列出一张花神系谱，这一系谱堪称花神图的集大成，非常有名，列示如下：

月份	司花男神	司花女神
正月	梅花——何逊	梅花——寿阳公主
二月	兰花——屈平	杏花——阮文姬
三月	桃花——刘晨、阮肇	桃花——息夫人
四月	牡丹——李白	蔷薇——丽娟
五月	榴花——孔绍安	榴花——魏安德王妃李氏
六月	莲花——王俭	莲花——晁采
七月	鸡冠花——陈后主	玉簪花——汉武帝李夫人
八月	桂花——郤诜	桂花——唐太宗贤妃徐氏
九月	菊花——陶渊明	菊花——晋武帝左贵嫔
十月	芙蓉——石曼卿	芙蓉——飞鸾、轻凤
十一月	山茶花——汤若士	山茶花——杨太真
十二月	腊梅——苏东坡、黄山谷	水仙花——梁玉清

当然，人间的花神始终存活于人们心中，甚至于最平常的家庭生活里。《红楼梦》第六十三回记载的一次家庭聚会"寿怡红群芳开夜宴"，就利用掷骰子抽取象牙花名签这一诙谐有趣的游戏为我们讲述了"金陵十二钗"与花的天然契合：宝钗被公认作"艳冠群芳"的牡丹，黛玉素来就是那"风露清愁"的芙蓉，探春不期然成了"瑶池仙品"中的杏花，香菱也本愿做那"联春绕瑞"的并蒂，李纨颇为自得地欣赏"霜晓寒姿"的老梅，湘云名副其实地热衷"香梦沉酣"的海棠。这些芬芳

美好的生命同花儿的品格和命运几乎就是一样的，试问"明媚鲜艳能几时"，无论如花之人，还是司花之神，终究都无法摆脱"一朝春尽红颜老，花落人亡两不知"（《葬花吟》）的命运。

木魅花精

陆游《老学庵笔记》有一则关于并蒂百合花的记载：四川一个孟姓人的花圃里，突然长出一种奇怪的百合花。此花一株的几百个花房都是并蒂，此人觉得是祥瑞，因此把这株百合花画成图，称为"瑞花图"，郑重保存。陆游评论道："乃知草木之妖，无世无之。"原来，古人每每见到奇特的动植物现象，往往就与见到天象的异常一样，动辄就与治乱兴亡等社会现象相联系，于是有了"禽兽草木之妖"的说法。而在陆游的时代，秦桧专擅朝政，特别喜欢各地官绅呈报可作祥瑞的"草木之妖"以粉饰太平。根据《宋史》的记载，有人见石缝中长出"秀茂成阴"的石榴树，就编造出欺人的假报，说这棵石榴树是插枝而成的。秦桧玩的这套把戏，属于政治权术，不必多说。但是，祥瑞、灾异之说，大约西汉就开始了。《西汉会要》专列"草木之妖"一条，抄录了十数条旧记，如有一条说汉成帝永始元年（前16）二月，樗木长出人头状的枝条，这

明·项圣谟《花卉图·百合》

枝条连人的眉目、胡须都有，只是没有头发；而另一条则是汉文帝六年十月的桃李开花。后来，据说菜发异花、树生异实，如楠木、李木等开莲花、长豆荚之类，只要属于世人不常见的现象，都视为"草木之妖"，认为是"天地万物变异"的征兆。这种思维方式，虽然有人不解，如元代李冶《敬斋古今黈》说："以桃李华非其时，梨根血出，大树自折，桑生东宫桑树有声，茱萸相樛，枯树复生，木如人面，杨柳生松，木仆反立，皆为草妖，不知何谓？"但从上到下，此风长盛，如元代吴师道《仰山庙记》说，"一草木之妖，一狐枭之祥，往往尸而祝之"。

上述现象，其思维逻辑无非是：一草一木，如果有奇异表现，就说明社会也出现了某些变异。美好的草木异变，是人事的祥瑞，相反，则成为社会的灾象。再进一步分析：草木本来是正常的，出现异常，则一定是某种奇特的力量使然。晋人葛洪似乎对这类现象的奥妙很有研究，在《抱朴子·内篇》中，他以专家的口吻指出：有的山上大树像人那样会说话，这不是树会说话，而是名叫"云阳"的树精导致的。又说：午日的时候，在山中碰到自称为仙人的，那是老树之精。在民间，树精、花妖之类的传说越来越多，把草木加以神化越来越有市场，相沿成俗。《博异志》记有杨花、桃花、李花和石榴等花精夜访崔元微的故事。《格致镜原》引《金陵记》记有一则树精故事：有个乡下人见到一个使者模样的人，服饰奇异，牵着一只白色的犬。问家住哪里，"使者"回答说：住"偃盖山"。跟随他到一棵古松下，"使者"突然消失。乡下人马上明白过来，原来此人是松树精，难怪说住"偃盖山"，他所牵的犬，自然是松树边上的茯苓了。

《渊鉴类函》所引《增群芳谱》也记了一个离奇的故事：兖州徂徕山一座佛寺，有客人夏日在寺里观看壁画时，见到一个十五六岁的白衣美女。这女子姿色非凡，他一见倾心，将女子引入密室，情款甚欢。女子离去时，他以白玉指环一枚相赠，然后躲在寺楼上偷偷地观察她去向哪里。只见这女子走了百步左右，忽然不见。他记住这女子失踪处，追寻过去，原来

明·史文《松下老人图》

是一株百合，花白正如刚才女子的一袭白衣。他把土刨开，见这百合根茎纠结缠绕，他所送的那枚白玉指环就在里面。他后悔不该掘土挖根，郁郁而病，不久死去。

更离奇的故事还有《杜阳杂编》所记的一则：长庆年间，宫里所种牡丹始开，香气袭人，一朵千叶，又大又红。穆宗赞叹说："这是人间不曾有过的。"每到夜里，数万只黄白蛱蝶飞来花间，辉光照耀，天亮才去。宫女用罗巾去扑，一只蛱蝶也抓不到。穆宗命人在空中张网，捕得了数百只蛱蝶，放在殿内，让嫔妃们追捉取乐。那些蛱蝶一到天亮，都变成了金蛱蝶、玉蛱蝶，工巧无比。宫中嫔妃于是用红丝缕缚住金、玉蛱蝶的脚簪戴装点在头上。结果，一到晚上，妆奁内光芒外射，打开来看，只见那些金、玉蛱蝶又变成活的蛱蝶了。作者苏鹗没有直接点出这些神奇的蛱蝶是牡丹精所化，但根据大量同类故事的说法，可以知道，作者实际上是把牡丹与蛱蝶看作同源。五代谭峭《化书》由同一类故事做了这样的归纳："老枫化为羽人，朽麦化为蝴蝶，自无情而之有情也。贤女化为贞石，山蚯化为百合，自有情而之无情也。"

这类离奇、充满想像力的民间故事，到了小说家蒲松龄手里，就到了集大成的境界。花精、狐妖、仙女共同编织出了《聊斋志异》的世界。根据"美女如花"的习惯性联想，蒲松龄把所有的花精都写成了年轻美貌的女性，但这些精怪都淡去

了古代的祥瑞、妖异色彩，民间离奇故事也化作了一个个由可
爱精灵为主角的有情有义的传奇。《葛巾》篇中，牡丹精幻化
的女子葛巾和玉版，有感于书生常大用的真情，大大方方地与
他及其弟弟结为夫妻，各生育儿子一人。后来由于受到猜疑，
两姐妹"举儿遥掷之"，然后离去。小孩抛落的地方，长出牡
丹两株，当年就开花，一紫一白，"朵大如盘"，比一般能见
到的葛巾、玉版两个品种还要珍稀。在这个凄美的爱情故事
中，牡丹精俨然是美丽和情义的化身，一点也没有妖异的色
彩。《香玉》篇则是牡丹精香玉、山茶精绛雪与主人公黄生的
故事。故事中，黄生以诗感动香玉和绛雪，一为其妇，一为其
友。后来，白牡丹被恶人掘走，黄生以真诚的悼念和泪水浇灌
牡丹芽，终于使香玉复生。而当道观扩建要砍伐山茶的时候，
黄生又及时赶来相救，于是，黄生与两人情谊更加深挚。黄生
死后，最终也化成了白牡丹近旁的牡丹芽，只是几年长成后，
并不开花，后来被除去。结果，白牡丹和山茶都先后死去。
《荷花三娘子》篇里的花精则更加奇幻，先见其为垂髫佳丽，
"忽迷所往"，则为"干不盈尺"的红莲一枝。折归之后，又
化为姝丽，但随即化为怪石，面面玲珑，再变而为"纱帔一
袭"。不断变幻之后，终于为男主人公宗湘若的热烈之情所打
动，变为荷花三娘子，两情谐洽。三娘子剖腹产子六七年后，
不顾宗湘若苦苦挽留，决绝而去。可是，每当宗生想念，抱着

清人绘《聊斋图》

她留下的冰縠帔喊"三娘子"的时候，她又"欢容笑黛"，宛
然如在，"但不语耳"。

　　以上这些花精故事，其原型在民间，其精神源头也深深植根于民俗，但蒲松龄以灵动、奇幻之笔，营构了有花精木魅存在的、令人神往的人间桃源。作为艺术世界中的花精木魅，她们的可爱，是因为她们个个都有花一般惹人喜爱的容颜，又有花一般通人性、解人情的美好心灵，在她们身上，自然物性与人间真情完全合而为一。

　　大体说来，在民间，各种花木都有成精怪的可能，都具有超自然的力量。而一种花会成哪种精，如何成精，则没有形成统一的认识。所以，同一种百合花，在蜀中孟氏园里，一株数百房都是并蒂，被视为祥瑞，而对于兖州徂徕山的客人来说，却是他幽寂人生的爱情白日梦。

　　然而，有一种植物在中国民间认识中却比较统一，这就是桃树。

　　桃树民俗的源头应追溯到春秋战国时期的楚文化中。楚文化与中原文化具有不同的面貌，屈原《离骚》开头"帝高阳之苗裔兮"，意思说楚人的祖先是黄帝的孙子高阳，这是远祖。高阳的重孙祝融，为帝高辛的"火正"。祝融的后人分为八支，其中一支南迁，以丹阳一带为活动中心，至周成王时，其首领熊绎得到周朝的正式分封，建立了楚国，其活动中心西移至今天的湖北中南部一带。楚人与南方原住民"三苗"逐渐融合，形成了独具特色的文化，其中巫文化的盛行是最主要的特色。在此风气下，一些植物被认为具有神异功能，楚君借此展示他作为巫觋的威力，周王也要求楚君在这方面服务于周。《左传》记载"唯是桃弧、棘矢，以共御王事"，是说把用桃木做的弓、用棘木做的箭，贡献给周王，以祛除不祥。又记载说：周人祭祀时用来"缩酒"的一种草是楚地的特产，要楚人负责进贡，此草，周人称之为"茅"，楚人称之为"菁"。认为这几种东西具有驱鬼辟邪的作用，正是当时楚人的文化。所以，楚文化中形成了这样的神话，说在大海深处，有座度朔山，上有大桃木，屈蟠三千里，桃枝的东北为鬼门，是万鬼出入的口子。在此处立着两个神人，一为神荼，一为郁垒，见有为害之鬼，就用苇草绳捆起来，送去喂虎。这个神话，一直到东汉还在被人传播，卫宏的《汉旧仪》和王充的《论衡》都谈到了它。

一些有生命力的早期神话在后世渐渐转变为民俗。晋人应劭《风俗通义》就谈到上述神话在汉代转变为风俗的情况，说那时从朝廷到官府，腊日与除夕人们都会在门上装饰桃人、垂挂苇茭、张贴虎画，"冀以卫凶也"。据《晋书·礼志》记载，晋代也有"岁旦，常设苇索、桃梗、磔鸡于宫及百寺之门，以禳恶气"的习俗。而《荆楚岁时记》记载说：南朝时候

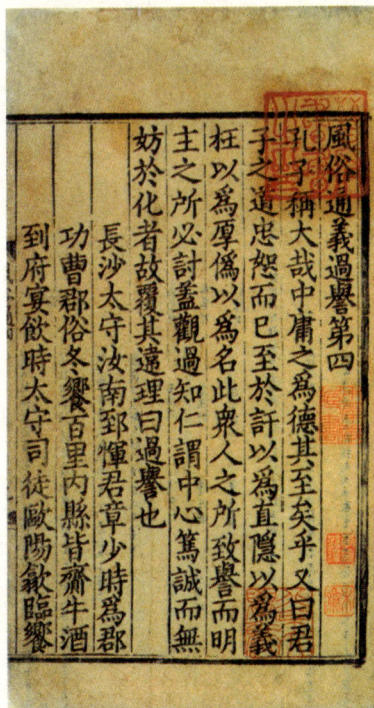

晋·应劭撰《风俗通义》(元刻本)

楚地的风俗仍然是"元旦服桃汤","造桃板著户,谓之仙木"。后人过年时在门上贴门神、挂春联,便是汉以来民俗的残余形式。门神一左一右,即是神荼和郁垒,春联则是由原先的桃板演变而来,所以,直到今天仍以"桃符"为春联的雅称。

说到"桃符",自然包含有一定的道教色彩。而民俗中的"仙桃",则是更典型的道教民俗。《山海经·海外北经》有神话说,夸父追逐着太阳,最后太阳落到虞渊。夸父也渴了,他想喝水,黄河、渭水都不够喝,只好再往北方寻找大湖,还没有到,中途就渴死了。他所扔下的手杖,后来"化为邓林"。据后人考证,邓林就是桃林,所以《山海经·中山经》又说:"夸父之山,……其北有林焉,名曰桃林。"这则神话中桃林所具有的延续生命的意义,还不是很直接。到了六朝时成书的《汉武故事》《汉武帝内传》所写到的西王母故事，就完全是道教故事了，在这一故事中正式出现了"仙桃"。西王母瑶池宴上的仙桃三千年一结果，参加宴会的人吃了这桃子，都能长生不老。后世民间俗神就有福禄寿三星，其中的寿星又叫南极仙翁、南极老人，是最受民众喜欢的一位神仙。明清时期的民俗画中的寿星形象就是慈颜善目，寿眉双垂，右持拐杖，左捧寿桃。

总结以上叙述，可见：在古代"草木之妖"的认识影响下，民间逐渐产生了植物精怪，我们称之为"木魅花精"，这是非常富有中国情调的民俗。这一民俗最后在《聊斋志异》中大放异彩。与异彩纷呈的木魅花精民俗不一样的，则是民俗中的桃木和桃实。受楚文化影响，桃木具有驱鬼避邪的神异功能，在道教影响下，又出现了"仙桃"之物，把人类延年益寿的美好愿望寄托在了仙桃和寿星之上。

花历

苏轼的名句说："春江水暖鸭先知。"其实，对人间的节候，动植物都有很准确的感知，不是有"一叶知秋"之说吗？据说，梧桐树对季节最为敏感，一进入秋令，它就开始落叶。所以，看到梧桐落一片叶子，就知道秋天来临了。梧桐之外，其他各种花木也总是守时守信，依序绽放，不违时令。在以农业为基础的中国古代社会里，人们与自然相守一生，影响所及，他们对时序、对季节更替的体认，不是以温度、湿度的变化等指标，而常常是以花开花落、以身边富有时间感的事物来标示。农民是这样，就连一些曾生活于底层的文人也多有这种认识，如中唐诗人刘禹锡就曾以蜀地风物为背景创作了一组富有生活气息的民歌《竹枝词》，"山桃红花满山头"、"杨柳青青江水平"等景象正提示着春天的讯息。南宋杨万里也写过一首很有趣的诗："梅子留酸软齿牙，芭蕉分绿与窗纱。日长睡起无情思，闲看儿童捉柳花。"梅子酸了，芭蕉绿得惹眼，那样困酣着无精打采的神情，无所事事看儿童嬉戏，不觉柳树已是花开飞絮。这样的生活场景，即使不看到其题目《闲居初夏午睡起》，也很容易让人联想到初夏时节的景况，从而得出合理的判断，这大概也算是物候的一大简单妙用吧。

认识时序变化，历代人民编过很多歌谣，譬如一直到当今仍在广为流传着的"九九歌"就特别出名："一九二九不出手，三九四九冰上走。五九六九沿河望柳，七九河开八九雁来。九九又一九，耕牛遍地走。"这支歌谣，反映的就是中原地区的农民以二十四节气的冬至日为起点，每九天一个周期认识时令与气候的变化。冬至那天，俗称"进九"或"入九"，如果以2007年农历丁亥年来对照，冬至为丁亥年十一月十三日，到廿一日，这是一九；从十一月廿二日至十二月初一日，

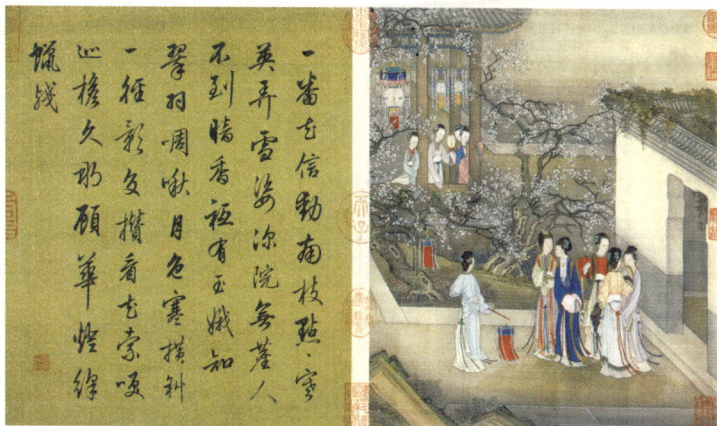

清·陈枚《月曼清游图》之"寒夜探梅"（正月）

为二九，中间有个"小寒"的节气。这时候，人们缩手缩脚，觉得寒冷了。十二月初二日至初十日，为三九；十二月十一日至十九日，为四九，中间有"大寒"的节气。这半个多月，天气更冷了，人们都感觉像是在冰的世界中了。十二月二十日至廿八，为五九，最后一天是"立春"；十二月廿九至戊子年正月初七日，为六九。这时正是冬春交界、季节更替的一段时间，尤其是进入正月后，河边的柳树就慢慢绽出嫩芽。正月初八日至十六日，为七九，中间有"雨水"的节气，结了冰的河要逐渐开冻流动了。正月十七日至正月廿五日，为八九，快进入二月，候鸟大雁逐渐北归。正月廿六日至二月初四日，为九九，中间有"惊蛰"的节气，到了春播的时候。

由于一年四季月月都有花开，因此，中国古人甚至编制出

"花历"，以花事来表现时序，对植物栽培及其他农事活动给予相应的指导。花历记载的是各种花的盛开与凋落时间，因为通常是按照月份列述，所以又称为"花月令"，具有反映花时、节气和指导种植三方面的功能。

花历的历史悠久，早在《夏小正》中就有关于近似花历的零星记载：

> 正月——柳莩，梅、杏、栀桃则华；
>
> 二月——荣堇采蘩；
>
> 三月——拂桐芭；
>
> 九月——荣菊树麦。

虽然是只言片语，然花历记述之法大约是始于此。《礼记·月令》和《吕氏春秋》十二月各纪也都有相关的花时记录，但还不够完整，还不具备严格意义的花历所应有的三项功能。现存最具实用价值的是明代程羽文的《百花历》，此历有短序，道："花有开落凉燠，不可无历。秘集《月令》，颇与时舛，予更辑之，以代挈壶之位，数白记红，谁谓山中无历也！"表明他这份花历，是在《月令》及其他人的基础上整理完善的。正文是：

正月：兰蕙芳，瑞香烈，樱桃始葩，径草绿，望春初放，百花萌动。

二月：桃夭，玉兰解，紫荆繁，杏花饰其靥，梨花溶，李能白。

三月：蔷薇蔓，木笔书空，棣萼韡韡，杨入大水为萍，海棠睡，绣球落。

四月：牡丹王，芍药相于阶，罂粟满，木香上升，杜鹃归，荼䕷香梦。

五月：榴花照眼，萱北向，夜合始交，蕾卜有香，锦葵开，山丹赪。

六月：桐花馥，菡萏为莲，茉莉来宾，凌霄结，凤仙降于庭，鸡冠环户。

七月：葵倾赤，玉簪搔头，紫薇浸月，木槿朝荣，蓼花红，菱花乃实。

八月：槐花黄，桂香飘，断肠始娇，白蘋开，金钱夜落，丁香紫。

九月：菊有英，芙蓉冷，汉宫秋老，芰荷化为衣，橙橘登，山药乳。

十月：木叶脱，芳草化为薪，苔枯，芦始秋，朝菌歇，花藏不见。

十一月：蕉花红，枇杷蕊，松柏秀，蜂蝶蛰，剪彩时行，花信风至。

十二月：腊梅坼，茗花发，水仙负水，梅香绽，山茶灼，雪花六出。

（说明：这里的月份指农历）

此外，民间长期以来还流行着以花名作为农历十二个月代称的用法，其中有一个版本的说法是：

一月梅花，二月杏花，三月桃花，四月蔷薇，五月榴花，六月荷花，七月葵花，八月桂花，九月菊花，十月芙蓉，十一月山茶，十二月腊梅。

以诗歌为形式的版本则是：

一月兰花娇，二月桃花媚，三月蔷薇展红艳，四月牡丹是尊贵，五月石榴鲜欲醉，六月鸡冠傲独帜，七月荷花悄绝尘，芬芳桂花八月香，九月菊花淡悠然，十月芦苇振秋凉，海棠迎冬十一颤，十二梅花独坐寒枝，笑迎春又来。

如果说程羽文所记的花历最完整、最成系统，那么，民间的这各种版本的十二月名称，实际上也充当着简版花历的功能，因为简明，故也便于记忆，对花事、农事都有直接的指导意义。要注意的有两点：（一）由于我国地域广阔，从北到南依次分布着多个气候区域，各地气候冷暖变化决定了物候现象有所不同，一种花历很难适应全国所有地区。（二）根据各具体花事、园事编制特定版本的花历，是最有实际指导意义的。当今市场上有些园艺图书附有专门的花历，就是很好的做法，这是对古代花历的继承和发扬。

为便于理解花历，此处试对程羽文的《百花历》前四月作一简要注释：

兰蕙芳：根据贾祖璋等专家的研究，在宋以前文献中的"兰"是菊科的芳香植物兰草。北宋黄庭坚记载兰花和艺兰情形后，原先的兰慢慢不为人所知。而由于黄庭坚误以兰花为《楚辞》和孔子所说的兰，遂造成长期的混淆。这里的兰蕙即指兰科植物兰花中的春兰。春兰以早春开花而得名，又叫草兰或山兰。花茎短，只生一朵或二朵花。叶细狭，弯曲下垂。主要产于浙江、安徽、湖南、四川、甘肃南部和云南。

瑞香烈：瑞香别名睡香、千里香、风流香。常绿灌木，与君子兰、五针松并称"园艺三宝"。树冠、树干造型很美，早春开花，花香馥郁。论花香，与蔷薇、桂花媲美，蔷薇花有一种名为十里香，桂花最香的一种称作百里香，瑞香花则以千里香为别名，足见其香气之迥出侪类。王十朋有诗："真是花中瑞，本朝名始闻。江南一梦后，天下仰清芬。"

樱桃始葩：樱桃别名荆桃、莺桃、朱樱，蔷薇科李属。樱桃花蕾略呈红色，但开放之后花瓣显出白色。始绽于早春，盛于春分前后。

望春初放：望春花又名迎春花、应春花，木兰科落叶乔木。此花最早在春节前就开放，故古代又有"僭客"之名。花期较长，可延至农历三月。本历中二月"玉兰解"与望春花是近种，可能指白玉兰，一般记载常混淆。三月的"木笔书空"则应指紫玉兰，别名辛夷、木笔。但北宋《嘉祐本草》："辛夷正二月花开紫色。"李时珍《本草纲目》："辛夷紫苞红焰，亦有白色者，人呼为玉兰。"

紫荆繁：紫荆花，花色紫红，形如蝴蝶。花先叶而开，布满枝、干，故又称"满条红"。与作为香港市花的紫荆花不同，后者是首度在香港被记录的植物，名为"洋紫荆"。

蔷薇蔓：蔷薇花，落叶半蔓性灌木，枝条柔软，有小刺。暮春开花，花期集中，几百团朵，簇拥一树，故名锦被堆。南

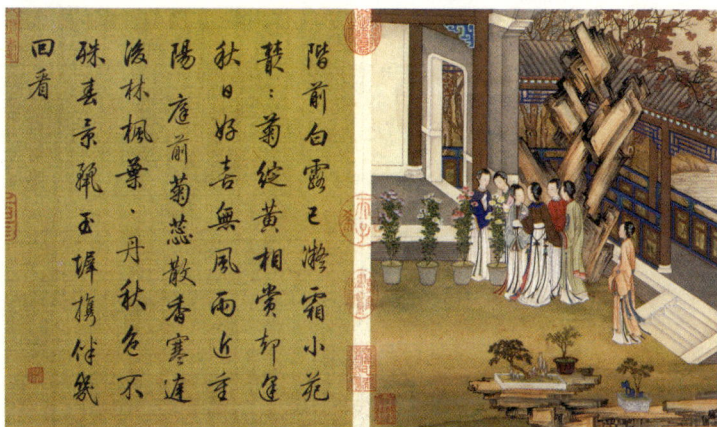

清·陈枚《月曼清游图》之"重阳赏菊"（九月）

朝柳恽的诗说："当户种蔷薇，枝叶太葳蕤。不摇香已乱，无风花自飞。"

棣萼韡韡：棣棠是蔷薇科落叶灌木，花黄色，无香味。春深与蔷薇同开，花期四至五月，有的一直开至初秋。原产于中国和日本，日人称之为"山吹"，《万叶集》中有十七首写山吹的俳句。

杨入大水为萍：柳絮飘飞，古人以为柳絮飘落水里后化为浮萍，如苏轼《水龙吟》写杨花飞尽后："晓来雨过，遗踪何在，一池萍碎。"《再和曾仲锡荔支》："飞絮落水中，经宿即化为萍。"

绣球落：绣球花又名木绣球、八仙花、紫阳花、粉团花，忍冬科落叶灌木或小乔木。一般要夏初开花，花在枝顶形成大球状，故名为绣球花。花初开带绿色，后转为白色，具清香。此句"落"当用反训法，是"始"的意思。

芍药相于阶：芍药开放于春末夏初，略迟于牡丹，此时牡丹已近尾声，芍药殿春而开，奇容异香，因此有婪尾春、冠芳、小牡丹之称，又因牡丹为花王，而以芍药为辅相，称之为"花相"。唐宋时以扬州芍药最盛，故有"扬州芍药甲天下"之名。

罂粟满：罂粟是罂粟科的二年生草本植物。全株粉绿色，叶长椭圆形，抱茎而生。夏季开花，单生枝头，艳丽，早落。结球形蒴果，内有细小而众多种子。原产于西南亚。

木香上升：木香，多年生高大草本，菊科。主根粗壮，作药用。茎直立，基生大片叶子。头状花序顶生及腋生，顶生者有二三朵，几无总花梗，腋生者仅一朵，有长的总花梗。夏初是木香生长旺盛期。

杜鹃归：杜鹃花又名映山红，春末夏初开花。古人认为，杜鹃鸟是由古蜀国王杜宇号望帝所化，杜鹃啼血，滴地而变为杜鹃花。杜鹃花开的时候，又恰好是杜鹃鸟自南方飞回中原的时节。

荼蘼香梦：荼蘼今多写作"荼蘼"，春末夏初开花。宋人王淇有诗说："一从梅粉褪残妆，涂抹新妆上海棠。开到荼蘼

清·费丹旭《红楼十二钗》之"林黛玉"，绘其树下葬花

花事了，<u>丝丝天棘出莓墙</u>。"意思是说：春天里最富盛名的梅谢过了，海棠开，海棠花残后，轮到荼蘼开放的时候，就标志着花事的结束。所以，荼蘼又名"独步春"。

"饯花节"与花朝节

《红楼梦》第二十七回"滴翠亭杨妃戏彩蝶，埋香冢飞燕泣残红"，其中写到了一个被曹雪芹称之为"尚古风俗"的

"饯花之节"：

> 至次日乃是四月二十六日，原来这日未时交芒种节。尚古风俗：凡交芒种节这日，都要设摆各色礼物，祭饯花神。言芒种一过，便是夏日了，众花皆卸，花神退位，须要饯行。闺中更兴这件风俗，所以大观园中之人，都早起来了。那些女孩子们，或用花瓣柳枝编成轿马的，或用绫锦纱罗叠成干旄旌幢的，都用彩线系了。每一棵树上，每一枝花上，都系了这些物事。满园里绣带飘飘，花枝招展，更兼这些人打扮得桃羞杏让，燕妒莺惭，一时也道不尽。

这次盛况非常的饯花，来源如何，不免让人颇费查考，直到读脂砚斋评语"饯花辰不论典与不典，只取其韵致生趣耳"，才知道这应该是曹雪芹所编造的一个子虚乌有的古代风俗。曹雪芹确实一如书中的主人公贾宝玉是个多情种子，他不仅要在书中浓墨重彩地写"葬花"，还要郑重其事地虚拟出这一"饯花"习俗，用意显然是为下文贾府的衰败、众多女子的悲惨命运埋下伏笔，并最终突出悲剧主题。按红学家周汝昌先生的一再讲述，"饯花"是《红楼梦》中的一个巨大象征意境。如《红楼小讲》一书，有副篇《饯花之节》，道："曹雪芹是用百花来比喻他笔下的少女：是以海棠者，湘云也；桃花者，袭人也；杏花者，探春也；牡丹者，宝钗也；老梅者，李纨也；荼蘼者，麝月也。宝玉为绛洞花王；黛玉是花魂，花是美的结晶，春的象征。宝玉是饯花送春的花王，由他的经历，宣告了三春美景即将结束。"

孟夏时芒种节气的"饯花"不过是曹雪芹的艺术虚构，而仲春时的"花朝节"，却是我国历史悠久，直到近代在民间仍然很盛行的一个花的节日。

农历二月，时值仲春，草木萌青，百花争芳，花朝节就在这个时候。但此节的具体日期却异说纷纭，主要有二月二日、十二日、十五日等。《提要录》上记唐朝以二月十五日为花朝节。明朝田汝成在《熙朝乐事》则记：二月十五日是春季的正中，为花朝节，与秋季正中八月十五的月夕并称。杨万里《诚斋诗话》又指开封以二月十二日为花朝节。《翰墨记》载：洛阳的花朝节在二月二日。因众说的存在，有的地方干脆是以二月二日为小花朝节，二月十五日为大花朝节。《红楼梦》里第六十二回点明林黛玉的生日为二月十二，考虑到黛玉在书中的特殊重要地位，可见曹雪芹是以二月十二日为花朝节。以上各种说法，尽管不同，但都是在仲春的前半段。可是近人梁章钜《农候杂占》则摘录旧籍《田家五行》的说法，以为正月十二日为花朝。说此日天晴，则这年的收成就好。这个说法得不到其他资料的支持，《田家五行》校刻失误的可能性较大。

关于花朝节的意义和来历，民间盛传这天是"百花生日"，因而像给人做寿一样来设置这个花朝节。而晚唐问世的志怪书《博异志》里留下了一个美丽的传说。《博异志》原书已佚，这一传说因分别保存在宋人曾慥的《类说》卷二十四和清代《渊鉴类函》中，使今人得见其详，现按《渊鉴类函》的版本译述如下：天宝年间的某个月夜，有位名叫崔玄微的处士，其家花园里来了一群美女，说去封十八姨家坐，路过这里。话刚说完，封十八姨也来了，崔玄微命酒相待。歌乐中，封十八姨表现轻佻，翻酒玷污了名叫石醋醋的衣服，醋醋怒，拂衣而去，一次聚会不欢而散。第二天晚上，那群美女再次来到，说她们被恶风所困，昨夜本要求封十八姨帮忙，因发生这次不快，估计对方不肯出力，故请他帮忙。具体方法是：每年正月初一，做一朱幡，上画日月五星，立在园东，就可以使她们免难。本年元旦已过，则可等二月二十一日五更立幡。崔玄微遵言照办，那天狂风大作，而他花园里枝上的繁花却纹丝不动，一朵也没被吹落。崔这才醒悟过来，原来，那群美女就是众花之精，其中石醋醋是石榴精，而封十八姨则是风婆无疑。

上述故事可能是对唐代已经出现的花朝节的一种编演。根

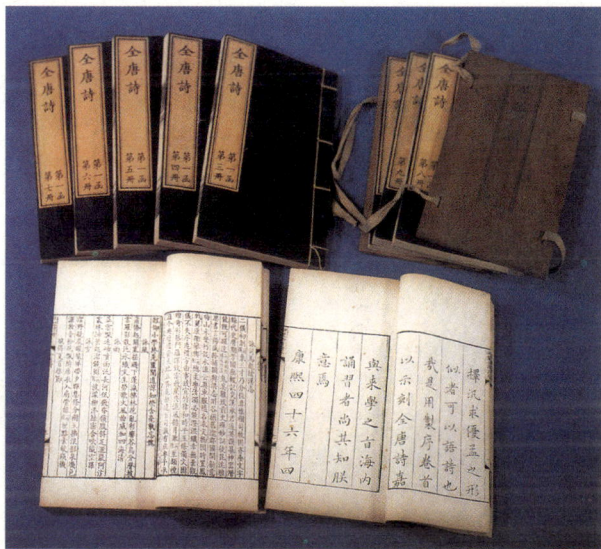

《全唐诗》（清康熙刻本）

据《全唐诗》中近二十处的"花朝"用语，可以推定花朝节最晚在唐朝就已经形成。不妨举几例：卢纶有"虚空闻偈夜，清净雨花朝"（《题念济寺晕上人院》）、白居易有"春江花朝秋月夜，往往举酒还独倾"（《琵琶行》）、司空图有"伤怀同客处，病眼却花朝"（《早春》）、李商隐有"不拣花朝与雪朝，五年从事霍嫖姚"（《梓州罢吟寄同舍》）等等。因为《博异志》中崔玄微护花故事流传甚广，使后来喜爱花卉者争相仿效，因此《博异志》对花朝节一直在民间盛行应是有促进作用的。

那么古代过花朝节有哪些风俗呢?

《吴郡岁华纪丽》对花朝节有比较详尽的一段考语,其中说到吴地风俗:

> 是日闺中女郎扑蝶会,并效崔元微护百花避风姨故事,剪五色彩缯,系花枝上为彩缯,谓之赏红。虎丘花农争于花神庙陈牲献乐,以祝神诞,谓之花朝。是时春色二月,花苞孕艳,芳菲酝酿,红紫胚胎,天公化育,始于兹。故俗以是日晴和,占百果之成熟云。

根据这段记载,可知当地花朝节的风俗有三项内容,一是"赏红",二是庆贺典礼,三是扑蝶。

以上三项内容中的前两项,宋以来许多文人都歌咏过。以清代为例,张春华《沪城岁事衢歌》说:"春到花朝染碧丛,枝梢剪采袅东风。蒸霞五色飞晴坞,画阁开尊助赏红。"厉惕斋《真州竹枝词》道:"昔日戏将罗绮集,今朝都用剪刀分。攀枝系入东风里,一片红云倚绿云。"蔡云《咏花朝》亦云:"百花生日是良辰,未到花朝一半春。万紫千红披锦绣,尚劳点缀贺花神。"根据这些歌咏,可知花朝节的风俗,确实与崔玄微悬彩幡护花故事关系密切,名为"赏红",则反映出人工彩幡与百花竞妍的盛况。至于在"赏红"的同时，又加上贺诞的典礼，更把这一民间节日渲染得既庄重又热闹，表现了浓郁的民间生活气氛。

上述记载涉及到的第三项内容，杨万里的《诚斋诗话》和其他文献都有记载。其情形与《红楼梦》饯花之后的"宝钗扑蝶"大约相近，是女子专有的项目。对于女子来说，外出扑蝶是需要隆重妆扮的，妆扮的方式当然也得富有节令特色，明代马中锡《宣府志》载："花朝节，城中妇女剪彩为花，插之鬓髻，以为应节。"不过，到了明代戏剧家汤显祖笔下，扑蝶却似乎并不专指女子，他有诗道："妒花风雨怕难消，偶逐晴光扑蝶遥。一半春随残花醉，却言明日是花朝。"汤翁是否拿女子的扑蝶在此借题发挥，难以推断。

各地的风俗记载上，花朝节也被称为"踏青节"、"春会节"、"挑菜节"等。这是因为，花朝节这天多风和日丽，人们除了按程序悬幡、贺诞，还会利用这个机会到郊外赏花游春、相亲会友。《杜氏壶中赘录》记道：蜀中称花朝节为"踏青节"，在这天"都市人士络绎游赏，缇幕歌酒，散在四郊"，郡守担忧会出乱子，"乃分遣戍于冈阜坡冢之上，立马张旗望之"。

"挑菜"的"挑"是采择的意思，把花朝节称为"挑菜节"，大概是因为仲春时节正是许多野菜鲜嫩的时候，故以"挑菜"来标示花朝节的时间。但是，据《广群芳谱》引《翰墨记》的记载云："风俗，以二月二日为花朝节。士庶游玩，又为'挑菜节'。"唐代洛阳风俗，二月二日，士民游玩，称为"挑菜节"，可知那时极有可能把"挑菜"演变成了一种群体性的游戏活动。

《中国风俗通史》"花朝节"目下是这样记载的："农历二月二十二（有的地方为二月初三或者二月十五）传为花王生日，民间幽人韵士，不仅赋诗唱和，而且赏花、饮花朝酒、聚宴。"可见，花朝节的内容不止前述的这几项。端午节有粽子，中秋节有月饼，花朝节也有属于自己的节令食品。相传武则天在花朝节这天，令人采集百花，和米一起捣碎，蒸成花糕，赏赐群臣。后来，做花糕、吃花糕的习俗便广为流行。

除了汉族有花朝节外，我国一些少数民族也过此节，比如壮族花朝节又称"百花仙子节"。节日里男女对歌，相互抛绣球、赠礼物，落日分别，将绣球等挂到木棉树上（认为百花仙子常住在木棉树中），以求百花仙子的保佑。这种风俗，或许也是受到崔玄微故事的影响。

在传统节日普遍式微的今天，花朝节已经逐渐被人遗忘，仅仅在港澳台和一些少数民族地区还保留着这个美好的节日。

不过，自然之花在民族文化中的特殊意义还没有彻底消失。每年四月，樱花浪漫的时节，武汉地区的一些高校往往要举行"樱花诗赛"，用以激活那些年轻的生命，好让雪花一般的动人诗篇留住一整个季节里的美好。另外，广州地区春节期间的花市活动，一直是当地人过年的一大习俗，过去花朝节中体现的民俗氛围、文化情调在这里依稀可感。

中国花语

在社会生活中，花卉交际是一项重要内容。因为在人们心目中，花是一切美好事物的象征，常常用来形容美丽的女子，比喻纯洁的情谊，赞扬出众的品格，寄寓美好的希望等。这种把花人格化、象征化之后，在社会生活中用花来表达情感和愿望的方式，称之为花卉交际。人际交往必须依赖一套约定俗成的表达媒介或手段，花卉交际也是如此。养花摆花，具有什么用心，买花赠花，表达什么情感，约定俗成后，为社会接受并广泛遵守，就被称为"花语"。

因为民族、文化、习俗、宗教信仰及地域差异，花的寓意也不尽相同。欧美花语最早起源于古希腊，大多和花的性状及神话、宗教故事有关。比如古希腊神话里记载了爱神出生时创

明·项圣谟《山水花果图·海棠》

造了玫瑰的故事，于是玫瑰便成了爱情的代名词。我国的花文化历史悠久，积淀形成的一套花语寓意丰富而深刻，成为中华文明中非常重要的文化符号。

在我国古籍中记载的花语是很多的，随手拈来便是。《诗经》中就有青年男女互赠芍药、木瓜等，以表情达意的例子。晋代崔豹《古今注·问答释义》中又有"芍药一名可离，故将别以赠之"的记载，说明了离别相赠芍药的花语涵义。三国嵇叔夜《养生记》说："合欢消忿，萱草忘忧。"于是合欢代表息怒、萱草成为忘忧的代名词。南朝的志怪小说《续齐谐记》中记载田真兄弟分家，商议分砍院中紫荆，紫荆突然黄萎。兄弟不分家了，紫荆又回春转绿。紫荆后来便是用以表达兄弟团结的花语。诗人陆游与唐琬被逼离婚，唐琬赠秋海棠为念，秋海棠于是成为苦恋的花语。

可见，要了解花语，就得从民族文化的深处去寻求各种花卉的文化源流。下面略举几例：

孔子最早奠定了兰的文化内涵。怀才不遇的他在外周游十多年，却始终没有得到任用。在返回鲁国的途中，他见兰草与野花野草为伍，身世之感油然而发："芝兰生于深谷，不以无人而不芳；君子修道立德，不为困穷而改节。"（《孔子家语·在厄》）于是，兰草、兰花便和高洁的品格联系在一起，其文化意义在后世不断丰富，人们常把诗文之美喻为

明·文彭《兰花图》

"兰章"，把友谊之真喻为"兰交"，把良友喻为"兰客"。

菊花含有隐者之风，则得力于诗人陶渊明，与梅花的传神得力于林逋一样。古人说"自有渊明方有菊"，这当然不是说有了陶渊明才有菊花，而是说渊明诗中的菊花让人眼前一亮，他第一次塑造了平淡无奇却给人以慰藉，既是失意人的寄托也是进取者的象征的菊花形象。渊明笔下的"采菊东篱下，悠然见南山"，曾经让多少文人羡慕。

桂树秋天开花，古人常用它来赞喻秋试及第者，称登科为"折桂"。又因月中有桂，称为月桂，月中又有蟾，所以登科也被称为"登蟾宫"。于是"蟾宫折桂"便成为古人仕途得志、飞黄腾达的代名词。

古人认为剑兰的叶子像一把长剑，好比钟馗佩戴的宝剑，可以挡煞和避邪，于是剑兰成为后世节日喜庆不可缺少的插花衬料。再加上其花朵由下往上渐次开放，象征节节高升，因此成为祝贺花篮中常用的花材。

在文化的代代培育之下，许多花卉都寄寓着丰富的文化涵义，在约定俗成的风俗习惯中，逐渐确立了一套花语系列。元旦饮柏酒祝长寿，端午挂菖蒲辟邪魔，重阳插茱萸避灾祸，离别时折柳表示依依惜别，祝寿送鲜桃祝福健康长寿，结婚赠百合、石榴祝愿新婚夫妇百年好合、多子多福，这些都是古时人

们生活中流行的花
语。

如今随着人们
生活质量的提高，
花卉在社交场合的
使用也更加普遍。
凡探访、慰问、祝
贺，人们都喜欢送
花为礼。花语已经
渗入到人们生活和
社交的各个方面，
浪漫的花语起着不
可忽视的调节气
氛、委婉达情的作用。

明·项圣谟《山水花果图·石榴》

而随着改革开放的不断深化，中西文化的不断碰撞与交
融，以及市场化、物质化的进展，目前中国的花卉交际，吸收
了很多西方花卉文化的元素，与此同时，具有深厚民族特色、
包含丰富文化信息的花语，也遭遇了空前的粗鄙化冲击。认真
梳理中国花卉文化的丰富遗产，以期在花语混乱的混沌中寻求
到生存和发展的空间，这是中国文化建设不可忽略的方面。

现将日常生活中常用的部分花语列举如下：

花　名	花　语	花　名	花　语
梅花	坚贞不屈	茉莉	重义轻利，勤劳
兰花	正气清远	凌霄	人贵自立
菊花	高洁傲骨	桂花	桂冠、胜利
松柏	坚贞不屈	木兰	扬眉吐气
竹	虚心正直	垂柳	伤心离别或哀悼
牡丹	富贵荣华	梧桐	恩爱夫妻白头到老
百合	百年好合	棕榈	胜利
石榴	子孙满堂	石榴	多子，早生贵子
荷花	纯洁崇高	含笑	含笑多情欲言又止
昙花	美好事物不长久	海棠	喜庆快乐
杜鹃	思念家乡	山茶花	奋斗胜利
银杏	古老文明	红月季	热烈祝贺
芍药	惜别	黄月季	和平胜利
红豆	相思	红山茶	天生丽质
铁树	庄严	康乃馨	母爱
合欢	息怒	富贵竹	纯洁
玉簪	清贫自守	白玉兰	典雅高贵
萱草	慈祥、忘忧	并蒂莲	夫妻恩爱
桃花	时来运转，淑女	鸟不宿	一路慎重
丁香	愁思不解	万年青	长寿、情深谊长
橄榄枝	和平	紫薇花	紫气东来
红玫瑰	恋爱	牵牛花	辛苦、勤奋
蝴蝶花	初恋	向日葵	倾心、敬慕
水仙	避邪除晦	龟背竹	健康长寿
秋海棠	苦恋	虞美人	柔中有刚
马蹄莲	春风得意	勿忘我	永恒的爱
紫荆花	兄弟团结	鸡冠花	多色的爱
含羞草	敏感、含蓄	凤仙花	惹人爱
紫罗兰	贞洁	美人蕉	坚实
木棉（攀枝花）	英雄	茑萝（狮子草）	亲友兄弟相依相助

掌握了这些花语，就可以根据不同的场合，恰当地运用它们来传情。比如婚宴喜庆，适合送象征甜蜜幸福、百年好合的花卉，多选用红色、粉红色的花材，如百合、玫瑰、红掌、鹤望兰、并蒂莲，配上吉祥草、万年青等，祝愿夫妻恩爱，白头偕老；为长辈祝寿，则可以选用以松枝、鹤望兰等为主的小型花篮，或是长寿花、万年青、龟背竹等，寓意松鹤延年，健康长寿；拜访德高望重的长者，适合送君子兰，象征名士的高洁；送给志同道合的平辈，则可用一盆万年青，表示友谊长存；送给母亲多用象征女性之爱的粉红康乃馨；探视病人多用兰花、百合，预示一切都会好起来；祝贺朋友生日，可以选用色彩鲜艳的月季、唐菖蒲、象牙花，再缀上满天星，表示大红年华，前程似锦；乔迁之喜多送文竹、君子兰；表示怀念、婉惜之情多送菊花。

喜庆节日时宜送代表吉祥如意的花卉，如金橘、佛手、水仙、仙来客等，也可用牡丹、海棠、玉兰相配，代表"玉堂富贵"。在我国广东和香港地区，因为方言谐音的关系，春节特别流行送金橘和大丽花，因为"橘"和"吉"谐音，"丽"和"利"谐音，代表大吉大利。再比如，水仙的花语是吉祥如意，万事称心，所以人们常将水仙花作为新春清供，以增添家庭幸福气氛。

使用花语也要注意一些忌讳。如送给商人的花，不要用茉

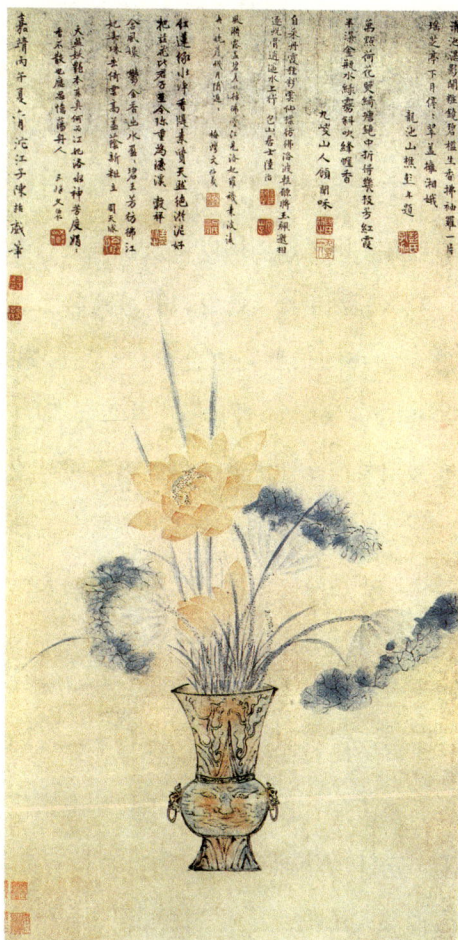

明·陈栝《平安瑞莲图》

莉，因为茉莉音同"没利"；剑兰虽然有避邪和高升的寓意，
但探病却不合适，因为剑兰和"见难"谐音，送给病人不吉
利，更忌吊钟花（倒挂金钟），因"吊钟"与"吊终"谐音。

　　总之，花语来源于历史，立足于现实，服务于交际需求。只有善于学习中国深厚的历史文化，特别是其中的花卉文化，勇于借鉴世界各国的花语，中国花语文化才能健康发展，人们在生活中买花赠花、摆花放花，才能得心应手，充分发挥好花卉所蕴含的内在美，恰如其分地传达情感，提升生活质量，进而扩大民族文化的影响力。

清·袁耀《山水图》

深入阅读

1、[清]李渔《闲情偶寄》，上海古籍出版社，2000年。

2、邓云乡《草木虫鱼》，河北教育出版社，2004年。

3、汪曾祺《人间草木》，山东画报出版社，2006年。

4、孙伯筠《花卉鉴赏与花文化》，中国农业大学出版社，2006年。

5、何小颜《花与中国文化》，人民出版社，1999年。

6、郭榕《花文化》，中国经济出版社，1995年。

7、童勉之《中华草木虫鱼文化》，文津出版社，1997年。

8、王毅《翳然林水：栖心中国园林之境》，北京大学出版社，2008年。